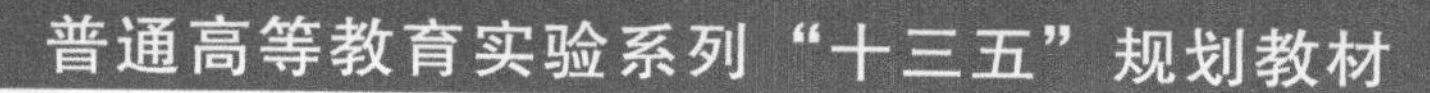
普通高等教育实验系列“十三五”规划教材

YIQI FENXI SHIYAN

仪器分析实验

主　编　马明阳
副主编　李　凤　霍燕燕

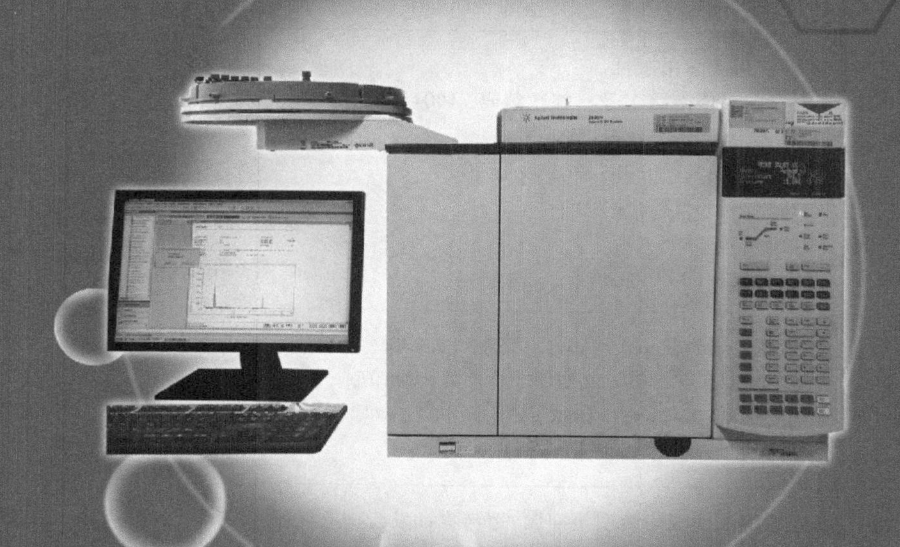

西安交通大学出版社
XI'AN JIAOTONG UNIVERSITY PRESS
国家一级出版社
全国百佳图书出版单位

图书在版编目(CIP)数据

仪器分析实验 / 马明阳主编. — 西安 ：西安交通大学出版社，2020.4(2021.12 重印)
ISBN 978 - 7 - 5693 - 1523 - 3

Ⅰ. ①仪… Ⅱ. ①马… Ⅲ. ①仪器分析-实验-高等学校-教材 Ⅳ. ①O657 - 33

中国版本图书馆 CIP 数据核字(2019)第 291745 号

书　　名 仪器分析实验
主　　编 马明阳
副 主 编 李　凤　霍燕燕
责任编辑 田　华

出版发行 西安交通大学出版社
(西安市兴庆南路 1 号　邮政编码 710048)
网　　址 http://www.xjtupress.com
电　　话 (029)82668357　82667874(发行中心)
(029)82668315(总编办)
传　　真 (029)82668280
印　　刷 西安日报社印务中心

开　　本 727 mm×960 mm　1/16　**印张** 13.875　**字数** 255 千字
版次印次 2020 年 4 月第 1 版　2021 年 12 月第 3 次印刷
书　　号 ISBN 978 - 7 - 5693 - 1523 - 3
定　　价 36.00 元

读者购书、书店添货或发现印装质量问题，请与本社发行中心联系、调换。
订购热线：(029)82665248　(029)82665249
投稿热线：(029)82664954　QQ:190293088
读者信箱：190293088@qq.com

Foreword 前言

仪器分析实验是仪器分析课程中学习到的各种理论和方法的实践过程。通过仪器分析实验，可帮助学生消化、理解和运用理论知识，提高学生实验技能，培养学生运用所学知识解决实际问题的能力。

掌握和运用各种分析仪器对化学类学生毕业后从事相关科学和研究工作是非常必要的。本教材旨在进一步帮助学生加强对仪器分析理论课所学知识的理解，掌握常用仪器分析方法的基本原理、定性及定量分析技术，理解各种方法的特点和应用范围；使学生能规范地掌握仪器分析课程中相关分析方法的基本操作、基本技术；了解常用的各种分析仪器的基本结构和重要部件的功能及使用注意事项，熟悉现代分析仪器的使用；通过综合性实验，提高学生分析问题和解决问题的能力。

在教材内容选择上，摆脱实验课对理论课的依附。一方面注重学生对方法原理的理解，了解相关分析仪器的基本结构和重要部件的功能及注意事项，熟悉仪器的操作流程，体现方法的应用性；另一方面每个分析方法选取的实验分层次，分析对象尽可能接近实际样品，贴近生活，使学生能学以致用。

本教材内容包括：仪器分析实验的基本知识；光学分析方法，涵盖紫外-可见吸收光谱分析、分子荧光光谱分析、红外吸收光谱分析、原子吸收光谱分析和原子发射光谱分析；电化学分析方法，涵盖电位分析法、极谱法、伏安法和库仑分析法；色谱分析法，包括气相色谱分析和高效液相色谱分析。每一个具体分析方法涉及方法原理、所用仪器介绍、定性定量方法以及典型实验。

本教材编写过程中得到了西安文理学院化学工程学院韩权、翟云会、段淑娥、屈颖娟、何亚萍等老师的支持和帮助，在此表示衷心的感谢。

限于编者的水平，书中不妥之处，恳请读者批评指正。

编　者

2019年10月

Contents 目录

第一章　仪器分析实验的基本知识

第一节　仪器分析实验的目的、要求和操作规划

一、仪器分析实验的教学目的

仪器分析实验是仪器分析课的重要内容。它是学生在教师指导下，以分析仪器为工具，亲自动手获得所需物质化学组成和结构等信息的教学实践活动。通过仪器分析实验，使学生加深对有关仪器分析方法基本原理的理解，掌握仪器分析实验的基本知识和技能；使学生会正确地使用分析仪器，合理地选择实验条件，正确处理数据和表达实验结果；培养学生严谨求实的科学态度、敢于创新和独立工作的能力。

二、仪器分析实验的基本要求

(1)仪器分析实验所使用的仪器一般都比较昂贵，同一实验室不可能购置多套同类仪器，因此仪器分析实验课程通常采用循环方式组织教学。为了保障仪器分析实验的效果，要求学生在实验前必须做好预习工作，仔细阅读仪器分析实验教材，熟悉分析方法和分析仪器工作的基本原理，清楚仪器主要部件的功能、操作程序和注意事项。

(2)学会正确使用仪器。要在教师指导下熟悉和使用仪器，勤学好问，未经教师允许不得随意打开或关闭仪器，更不得随意旋转仪器按钮、改变仪器工作参数等。详细了解仪器的性能，防止损坏仪器或发生安全事故。应始终保持实验室的整洁和安静。

(3)在实验过程中，要认真学习有关分析方法的基本要求。细心观察实验现象，如实记录实验条件和分析测试的原始数据；学会选择最佳实验条件；积极思考、勤于动手、规范操作，培养良好的实验习惯和科学作风。

(4)爱护仪器设备。实验中如发现仪器工作不正常，应及时报告教师处理。每次实验结束，应将所用仪器复原，清洗好使用过的器皿并摆放整齐，保持实验室干

净整洁。

(5)按照要求认真完成实验报告。

三、仪器分析实验的操作规则

实验操作规则是保证良好的实验环境、实验秩序和实验效果,防止意外事故发生的准则,人人都要遵守。

1. 认真预习

实验前应准备一本预习报告本,认真预习,并做好预习报告。报告内容包括:实验目的、实验原理、主要的仪器和药品、操作步骤以及实验中的注意事项等。预习报告应简明扼要。

预习时,要明确实验目的,掌握实验原理及相关计算公式;熟悉实验内容、主要操作步骤及数据的处理方法;提出注意事项,合理安排实验时间,使实验有序、高效地进行;针对操作步骤中初次接触的操作技术或分析仪器,应认真查阅实验教材中相关的操作方法,了解这些操作或仪器使用的规范要求,保证实验中操作和仪器使用的规范化。

2. 爱护仪器

要爱护仪器设备,对初次接触的仪器(尤其是大型分析仪器),应在了解其基本原理的基础上,仔细阅读仪器的操作规程,认真听从老师的指导。未经允许不可私自开启设备,以防损坏仪器。

3. 注意安全

严格遵守实验室安全规则,熟悉并掌握常见事故的处理方法。保持室内整洁,保证实验台面干净、整齐。火柴梗、废纸等杂物丢入垃圾筐,要节约使用水、电等。

4. 遵守纪律

严格遵守实验纪律,提前 10 min 进入实验室。保持室内安静,不要大声说笑,不要随意走动,禁止在实验室嬉闹。

5. 严谨实验

(1)认真听取实验前的课堂讲解,积极回答老师提出的问题。进一步明确实验原理、操作要点、注意事项,仔细观察老师的操作示范,保证基本操作规范化。

(2)按拟定的实验步骤操作,既要大胆,又要细心,仔细观察实验现象,认真测定数据。每个测定指标至少要做 3 个平行样。有意识地培养自己高效、严谨、有序的工作作风。

(3)观察到的现象和数据要如实记录在预习报告本上,做到边实验、边思考、边记录。不得用铅笔记录，原始记录不得涂改、删减或用橡皮擦拭，如有记错可在原记录上划一横杠，再在旁边写上正确记录。

（4）实验中要勤于思考，仔细分析。如发现实验现象或测定数据与理论不符，应尊重实验事实，并认真分析和查找原因，通过对照实验、空白实验或自行设计的实验来核对、验证、核实。

（5）实验结束后，应立即把所用的玻璃仪器洗净，仪器复原，填好使用记录，清理好实验台面。将预习报告本交给老师检查，确定实验数据合格后，方可离开实验室。

（6）值日生应认真打扫实验室，关好水、电、门、窗后方可离开实验室。

四、实验报告

做完实验仅是完成实验的一半，实验结束后必须进行数据处理和结果分析，把感性认识提高到理性认识，这个过程是通过实验报告的形式来实现的。实验报告应简明扼要，图表清晰。实验报告的内容包括实验名称、完成人、完成日期、实验目的、方法原理、仪器名称及型号、主要仪器的工作参数、主要实验步骤、实验数据或图谱、实验中出现的现象、实验数据和结果处理、问题讨论等。要求做到以下几点。

（1）认真、独立完成实验报告。对实验数据进行处理（包括计算、作图），得出分析测定结果。

（2）实验报告应实事求是，数据真实。对于实验中的现象应如实记录，必要时要有对现象的解释说明。实验报告不能是实验讲义的简单重复。

（3）分析检测的目的是得到准确的实验结果，因此，每次实验必须对结果的准确度做出评价。可将测定结果与理论值、标示量或其他同学测定结果平均值进行比较，进而做出判断。

（4）对实验中出现的问题进行分析讨论，提出自己的见解，提出实验改进方案。

第二节　仪器分析实验室的安全规则和玻璃器皿的洗涤

一、仪器分析实验室的安全规则

在仪器分析实验中，经常使用有腐蚀性的、易燃、易爆或有毒的化学试剂，大量使用易损的玻璃仪器和某些精密分析仪器，实验过程中也不可避免用电、水等。为确保实验的正常进行和人身及设备安全，必须严格遵守实验室的安全规则。

(1)实验室内严禁饮食、吸烟，一切化学药品禁止入口，实验完毕须洗手；水、电使用结束后应立即关闭；离开实验室时，应仔细检查水、电、门、窗是否均已关好。

(2)了解实验室消防器材的正确使用方法及放置的确切位置，一旦发生意外，能有针对性地扑救。实验过程中，门、窗及通风设备要打开。

(3)使用电气设备时，应特别细心，切不可用潮湿的手去开启电闸和电器开关。凡是漏电的仪器不可使用，以免触电。

(4)使用精密分析仪器时，应严格遵守操作规程，仪器使用完毕后，将仪器各部分复原，并关闭电源，拔掉插头。

(5)浓酸、浓碱具有腐蚀性，尤其是用浓硫酸配制溶液时，应将浓酸缓缓注入水中，不得将水注入酸中，以防止浓酸溅在皮肤和衣服上。使用浓硝酸、盐酸、硫酸、氨水时，均应在通风橱中操作。

(6)使用四氯化碳、乙醚、苯、丙酮、三氯甲烷等有机溶剂时，一定要远离火源和热源。使用完毕后，将试剂瓶塞好，放在阴凉(通风)处保存。低沸点的有机溶剂不能直接在火焰或热源上加热，而应在水浴中加热。

(7)热、浓的高氯酸遇有机物常易发生爆炸，汞盐、砷化物、氰化物等剧毒物品使用时应特别小心。

(8)储备试剂、试液的瓶上应贴有标签，严禁将非标签上的试剂装入试剂瓶。自试剂瓶中取用试剂后，应立即盖好试剂瓶盖。不允许将已取出的试剂或溶液倒回试剂瓶中。

(9)将温度计或玻璃管插入胶皮管或胶皮塞前，应用水或甘油润滑，并用毛巾包好再插，两手不要分得太开，以免折断划伤手。

(10)加热或进行反应时，人不得离开。

(11)保持水槽清洁，禁止将固体物等扔入水槽，以免造成下水管堵塞。

(12)发生事故时，要保持冷静，针对不同的情况采取相应的应急措施，防止事故扩大。

二、玻璃器皿的洗涤

实验中所使用的器皿应洁净。其内外壁应能被水均匀地润湿，且不挂水珠。在分析工作中，洗净玻璃器皿不仅是一个必须做的实验前的准备工作，也是一个技术性的工作。器皿洗涤是否符合要求，对实验结果的准确度和精密度均有影响。不同分析工作(如工业分析、一般化学分析、微量分析等)有不同的器皿洗涤要求。

分析实验中常用的烧杯、锥形瓶、量筒、量杯等一般的玻璃器皿，可用毛刷蘸去污粉或合成洗涤剂刷洗，再用自来水冲洗干净，然后用蒸馏水或去离子水润洗3次。

滴定管、移液管、吸量管、容量瓶等具有精确刻度的仪器，可采用合成洗涤剂洗涤。其洗涤方法是：将配制的0.1%～0.5%浓度的洗涤液倒入容器中，浸润、摇动几分钟，用自来水冲洗干净后，再用蒸馏水或去离子水润洗3次，如果未洗干净，可用铬酸洗液洗涤。

光度法用的比色皿是用光学玻璃制成的，不能用毛刷洗涤，应根据不同情况采用不同的洗涤方法。经常的洗涤方法是将比色皿浸泡于热的洗涤液中一段时间后冲洗干净即可。

器皿的洗涤方法很多，应根据实验要求、污物性质、沾污的程度来选用。一般说来，附着在器皿上的脏物有尘土和其他不溶性杂质、可溶性杂质、有机物和油污，针对这些情况可以分别用下列方法洗涤。

1. 刷洗

用水和毛刷刷洗，除去仪器上的尘土及其他物质，注意毛刷的大小，形状要适合。如洗圆底烧瓶时，毛刷要作适当弯曲才能接触到全部内表面，脏、旧、秃头毛刷需及时更换，以免戳破、划伤或沾污仪器。

2. 用合成洗涤剂洗涤

洗涤时先将器皿用水湿润，再用毛刷蘸少许去污粉或洗涤剂，将器皿内外洗刷一遍，然后用水边冲边刷洗，直至干净为止。

3. 用铬酸洗液洗涤

被洗涤器皿尽量保持干燥，倒少许洗液于器皿内，转动器皿使其内壁被洗液浸润(必要时可用洗液浸泡)，然后将洗液倒回原装瓶内以备再用。再用水冲洗器皿内残存的洗液，直至干净为止。如用热的洗液洗涤，则去污能力更强。

洗液主要用于洗涤被无机物沾污的器皿，它对有机物和油污的去污能力也较强，常用来洗涤一些口小、管细等形状特殊的器皿，如吸管、容量瓶等。

洗液具有强酸性、强氧化性和强腐蚀性，使用时要注意以下几点：

(1)洗涤的器皿不宜有水，以免洗液因稀释而失效；

(2)洗液可以反复使用，用后倒回原瓶；

(3)洗液的瓶塞要塞紧，以防吸水失效；

(4)洗液避免溅在衣服、皮肤上；

(5)洗液的颜色由原来的深棕色变为绿色，即表示洗液失效而不能再用。

4. 用酸性洗液洗涤

(1)粗盐酸可以洗去附着在仪器壁上的氧化剂(如二氧化锰)等大多数本溶于

水的无机物。因此，在刷子刷洗不到或洗涤不宜用刷子刷洗的器皿时，如吸管和容量瓶等，可以用粗盐酸洗涤。灼烧过沉淀物的瓷坩埚可用盐酸(1：1)洗涤。洗涤过的粗盐酸可以回收继续使用。

(2)盐酸-过氧化氢洗液适用于洗去残留在容器上的二氧化锰，例如过滤高锰酸钾用的砂芯漏斗，可以用此洗液刷洗。

(3)盐酸-酒精洗液(1：2)适用于洗涤被有机染料染色的器皿。

(4)硝酸-氢氟酸洗液是洗涤玻璃器皿和石英器皿的优良洗涤剂，可以避免杂质金属离子的沾附。该溶液常温下可储存于塑料瓶中，洗涤效率高，清洗速度快，但对油脂及有机物的清除效果差。对皮肤有强腐蚀性，操作时需倍加小心。该洗液对玻璃和石英器皿有腐蚀作用，因此，精密玻璃仪器、标准磨口仪器、活塞、砂芯漏斗、光学玻璃、精密石英部件、比色皿等不宜用这种洗液。

5. 用碱性洗液洗涤

适用于洗涤油脂和有机物。因它的作用较慢，一般要浸泡 24 h 或用浸煮的方法。

(1)氢氧化钠-高锰酸钾洗液洗过后，在器皿上会留下二氧化锰，可再用盐酸清洗。

(2)氢氧化钠(钾)-乙醇洗液洗涤油脂的效力比有机溶剂高，但不能与玻璃器皿长期接触。

使用碱性洗液时要特别注意，碱液有腐蚀性，应防止溅到眼睛上。

6. 超声波清洗

超声波清洗是一种新的清洗方法，其作用原理主要是利用超声波在液体中的空化作用，这种空化作用是由于在超声波的作用下，液体分子时而受拉，时而受压，形成一个个微小的空腔，即所谓“空化泡”。由于空化泡的内外压力相差十分悬殊，在空化泡消失时其表面的各类污物就被剥落，从而达到清洗的目的。同时，超声波在液体中又能起到加速溶解和乳化的作用。因此超声波清洗质量好、速度快，尤其对于采用一般常规清洗方法难于达到清洁度要求，以及几何形状比较复杂且带有各种小孔、弯孔和盲孔的被洗物件，超声波清洗的效果更为显著。

第二章　紫外-可见吸收光谱分析

第一节　紫外-可见分光光度计

一、组成部件

分光光度计按使用的波长范围可分为：紫外分光光度计（200～400 nm）、可见分光光度计（400～800 nm）和紫外-可见分光光度计（200～1000 nm，现在多用）。紫外-可见分光光度计的基本结构由五个部分组成：光源、单色器、吸收池、检测器及信号指示系统。

1. 光源

对光源的基本要求是应在仪器操作所需的光谱区域内能够连续辐射，有足够的辐射强度和良好的稳定性，而且辐射能量随波长的变化应尽可能小。

分光光度计中常用的光源有热辐射光源和气体放电光源两类。

热辐射光源用于可见光区，如钨丝灯和卤钨灯；气体放电光源用于紫外光区，如氢灯和氘灯。钨灯和碘钨灯可使用的范围为 340～2500 nm。这类光源的辐射能量与施加的外加电压有关，在可见光区，辐射的能量与工作电压 4 次方成正比。光电流与灯丝电压的 n 次方（$n>1$）成正比。因此必须严格控制灯丝电压，仪器必须配有稳压装置。

在近紫外区测定时常用氢灯和氘灯。它们可在 160～375 nm 范围内产生连续光源。氘灯的灯管内充有氢的同位素氘，它是紫外光区应用最广泛的一种光源，其光谱分布与氢灯类似，但光强度比相同功率的氢灯要大 3～5 倍。

2. 单色器

单色器是能从光源辐射的复合光中分出单色光的光学装置，其主要功能是产生光谱纯度高的波长且波长在紫外可见区域内任意可调。

单色器一般由入射狭缝、准光器（透镜或凹面反射镜使入射光平行）、色散元件、聚焦元件和出射狭缝等几部分组成。其核心部分是色散元件，起分光的作用。单色器的性能直接影响入射光的单色性，从而也影响到测定的灵敏度、选择性及校准曲线的线性关系等。

能起分光作用的色散元件主要是棱镜和光栅。

棱镜有玻璃和石英两种材料。它们的色散原理是依据不同的波长光通过棱镜时有不同的折射率而将不同波长的光分开。由于玻璃可吸收紫外光，所以玻璃棱镜只能用于 350～3200 nm 的波长范围，即只能用于可见光域内。石英棱镜可使用的波长范围较宽，为 185～4000 nm，即可用于紫外、可见和近红外三个光域。

光栅是利用光的衍射与干涉作用制成的，它可用于紫外、可见及红外光域，而且在整个波长区具有良好的、几乎均匀一致的分辨能力。它具有色散波长范围宽、分辨本领高、成本低、便于保存和易于制备等优点。其缺点是各级光谱会重叠而产生干扰。入射、出射狭缝，透镜及准光镜等光学元件中狭缝在决定单色器性能上起重要作用。狭缝的大小直接影响单色光纯度，但过小的狭缝又会减弱光强。

3. 吸收池

吸收池亦称比色皿，用于盛放分析试样，形状有长方形、方形和圆筒形，光程最常用的是 1 cm 池（容积 3 mL），其材料有石英和玻璃两种。石英池适用于紫外-可见光区的测量，玻璃吸收池只用于可见光区。为减少光的损失，吸收池的光学面必须完全垂直于光束方向。在高精度的分析测定中（紫外区尤其重要），吸收池要挑选配对，其透光率相差应小于 0.5%，因为吸收池材料本身吸光特征以及吸收池的光程长度的精度等对分析结果都有影响。吸收池不可用火烘烤干燥，以免破裂。若试样使用易挥发的溶剂配制，测量时为了避免因溶剂挥发而改变试液浓度，应加盖。

4. 检测器

检测器的功能是检测信号、测量单色光透过溶液后光强度变化的一种装置。常用的检测器有光电池、光电管和光电倍增管。

(1)光电池。主要是硒光电池，其敏感光区为 300～800 nm，其中以 500～600 nm 最为灵敏，其特点是产生不必经放大就可直接推动微安表或检流计的光电流。但由于它容易出现“疲劳效应”，寿命较短，只能用于低挡的分光光度计中。

(2)光电管。光电管在紫外-可见分光光度计上应用很广泛。它以一弯成半圆柱且内表面涂上一层光敏材料的镍片作为阴极，而置于圆柱形中心的一金属丝作为阳极，密封于高真空的玻璃或石英中构成，当光照到阴极的光敏材料时，阴极发射出电子，被阳极收集而产生光电流，其结构如图 2.1 所示。

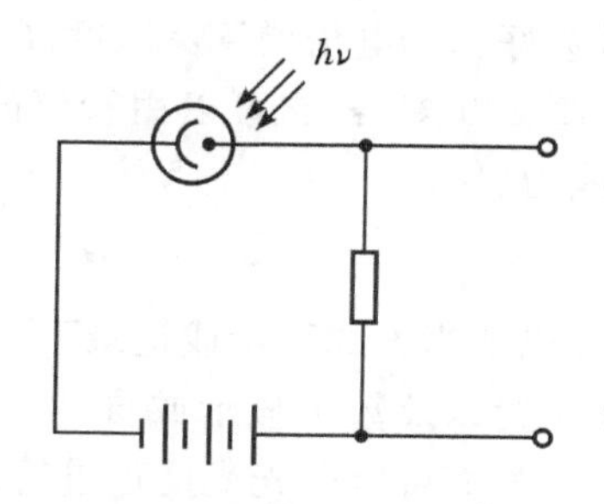

图 2.1　真空光电二极管

光电管随阴极光敏材料不同，其灵敏的波长范围也不同，可分为蓝敏和红敏两种，前者是阴极表面上沉积锑和铯，可用的波长范围为 210～625 nm，后者是阴极表面上沉积银和氧化铯，可用的波长范围为 625～1000 nm。与光电池比较，光电管具有灵敏度高、光敏范围宽、不易疲劳等优点。

(3)光电倍增管。光电倍增管实际上是一种加上多级倍增电极的光电管，其结构如图 2.2 所示。外壳由玻璃或石英制成，阴极表面涂上光敏物质，在阴极 C 和

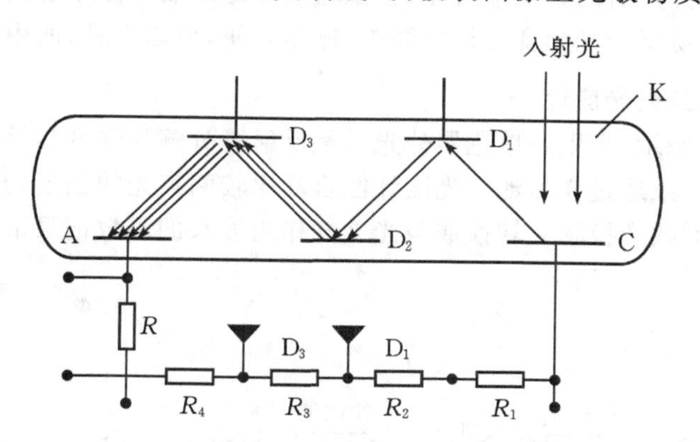

K—窗口；C—光阴极；D_1、D_2、D_3—次电子发射极；

A—阳极；R_1、R_2、R_3、R_4—电阻

图 2.2　光电倍增管工作原理图

阳极 A 之间装有一系列次级电子发射极，即电子倍增极 D_1，D_2，…。阴极 C 和阳极 A 之间加直流高压(约 1000 V)，当辐射光子撞击阴极时发射光电子，该电子被电场加速并撞击第一倍增极 D_1，撞出更多的二次电子，依此不断进行，像“雪崩”一样，最后阳极收集到的电子数将是阴极发射电子的 10^5～10^6 倍。与光电管不同，光电倍增管的输出电流随外加电压的增加而增加，且极为敏感，这是因为每个倍增极获得的增益取决于加速电压。因此，光电倍增管的外加电压必须严格控制。光电

倍增管的暗电流愈小，质量愈好。光电倍增管灵敏度高，是检测微弱光最常见的光电元件，其灵敏度比光电管高200多倍，它可以用较窄的单色器狭缝，从而对光谱的精细结构有较好的分辨能力。

5. **信号指示系统**

它的作用是放大信号并以适当方式指示或记录下来。常用的信号指示装置有直读检流计、电位调节指零装置以及数字显示或自动记录装置等。很多型号的分光光度计装配有微处理机，一方面可对分光光度计进行操作控制，另一方面可进行数据处理。

二、紫外-可见分光光度计的类型

紫外-可见分光光度计的类型很多，但可归纳为三种类型，即单光束分光光度计、双光束分光光度计和双波长分光光度计。

1. **单光束分光光度计**

经单色器分光后的一束平行光，轮流通过参比溶液和样品溶液，进行吸光度的测定。这种简易型分光光度计结构简单，操作方便，维修容易，适用于常规分析。

2. **双光束分光光度计**

如图2.3所示，光束经单色器分光后经反射镜分解为强度相等的两束光，一束通过参比池，一束通过样品池。光度计能自动比较两束光的强度，此比值即为试样的透射比，经对数变换将它转换成吸光度并作为波长的函数记录下来。

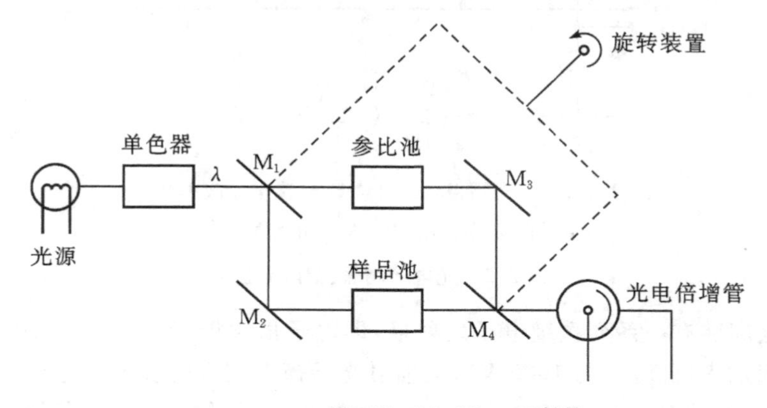

图2.3 单波长双光束分光光度计原理图

双光束分光光度计一般都能自动记录吸收光谱曲线。由于两束光同时分别通过参比池和样品池，还能自动消除光源强度变化所引起的误差。这类仪器有国产710型、730型、740型等。

3. 双波长分光光度计

如图2.4所示，由同一光源发出的光被分成两束，分别经过两个单色器，得到两束不同波长（λ_1 和 λ_2）的单色光；利用切光器使两束光以一定的频率交替照射同一吸收池，然后经过光电倍增管和电子控制系统，最后由显示器显示出两个波长处的吸光度差值 ΔA（$\Delta A = A_1 - A_2$）。对于多组分混合物、混浊试样（如生物组织液）分析，以及存在背景干扰或共存组分吸收干扰的情况下，利用双波长分光光度法，往往能提高方法的灵敏度和选择性。利用双波长分光光度计，能获得导数光谱。通过光学系统转换，能使双波长分光光度计很方便地转化为单波长工作方式。如果能在 λ_1 和 λ_2 处分别记录吸光度随时间变化的曲线，还能进行化学反应动力学研究。

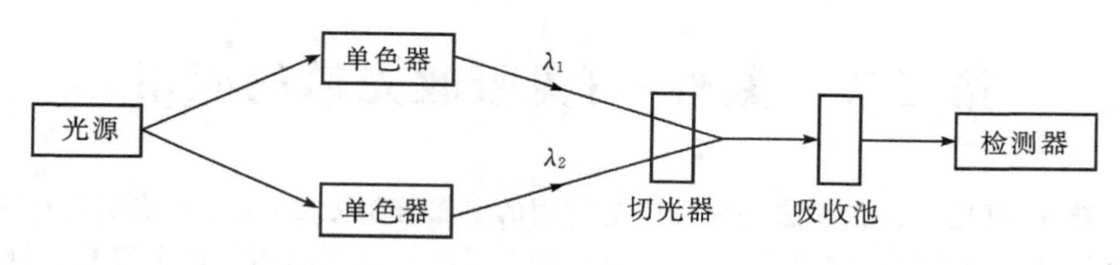

图2.4　双波长分光光度计光路示意图

三、分光光度计的校正

通常在实验室工作中，验收新仪器或仪器已使用过一段时间后都要进行波长校正和吸光度校正。建议采用下述较为简便和实用的方法来进行校正。

镨铷玻璃或钬玻璃都有若干特征的吸收峰，可用来校正分光光度计的波长标尺，前者用于可见光区，后者则对紫外和可见光区都适用。

也可用 K_2CrO_4 标准溶液来校正吸光度标度。将0.0400 g K_2CrO_4 溶解于1 L的0.05 mol·L^{-1} KOH溶液中，在1 cm光程的吸收池中，在25 ℃时用不同波长测得的吸光度值列于表2.1中。

表 2.1 铬酸钾溶液的吸光度

λ/nm	吸光度 A	λ/nm	吸光度 A	λ/nm	吸光度 A	λ/nm	吸光度 A
220	0.4559	300	0.1518	380	0.9281	460	0.0173
230	0.1675	310	0.0458	390	0.6841	470	0.0083
240	0.2933	320	0.0620	400	0.3872	480	0.0035
250	0.4962	330	0.1457	410	0.1972	490	0.0009
260	0.6345	340	0.3143	420	0.1261	500	0.0000
270	0.7447	350	0.5528	430	0.0841		
280	0.7235	360	0.8297	440	0.5350		
290	0.4295	370	0.9914	450	0.0325		

第二节 紫外-可见吸收光谱的应用

紫外-可见分光光度法是一种广泛应用的定量分析方法，也是对物质进行定性分析和结构分析的一种手段，同时还可以测定某些化合物的物理化学参数，例如摩尔质量、配合物的配合比和稳定常数以及酸、碱的离解常数等。

一、定性分析

就其定性分析而言，紫外-可见分光光度法主要应用于有机物和化合物的定性分析和结构分析，而在无机元素的定性分析方面应用较少。无机元素的定性分析主要用原子发射光谱法或化学分析法。

定性分析的光谱依据是吸收光谱的形状、吸收峰的数目和位置及相应的摩尔吸光系数，而最大吸收波长 λ_{max} 及相应的 ε_{max} 是定性分析的最主要参数。

在有机化合物的定性分析鉴定及结构分析方面，一方面有些有机化合物在紫外区没有吸收带或者仅有简单而宽的吸收带，光谱信息较少，特征性不强；另一方面，紫外-可见光谱反映的基本上是分子中生色团和助色团的特性（而且不少简单官能团在近紫外及可见光区没有吸收或吸收很弱），而不是整个分子的特性。例如，甲苯和乙苯的紫外光谱实际上是一样的，因此，单根据一个化合物的紫外光谱不能完全确定其分子结构，这种方法的应用有较大的局限性。但是它适用于不饱和有机化合物，尤其是共轭体系的鉴定，并以此来推断未知物的骨架结构。此外，它可配合红外光谱法、核磁共振波谱法和质谱法等常用的结构分析法进行定量鉴定和结构分析,是一种有用的辅助方法。

一般定性分析采用比较法,比较法有标准物质比较法和标准谱图比较法两种。

1. 标准物质比较法

利用标准物质比较,在相同的测量条件下,测定和比较未知物与已知标准物的吸收光谱曲线,如果两者的光谱完全一致,则可以初步认为它们是同一化合物。为了能使分析更准确可靠,要注意如下几点。

(1)尽量保持光谱的精细结构。为此,应采用与吸收物质作用力小的非极性溶剂,且采用窄的光谱通带。

(2)吸收光谱采用 $\lg A$ 对 λ 作图。这样如果未知物与标准物的浓度不同,则曲线只是沿 $\lg A$ 轴平移,而不是像 $A-\lambda$ 曲线那样以 εb 的比例移动,更便于比较分析。

(3)往往还需要用其他方法进行证实,如红外光谱等。

2. 标准谱图比较法

利用标准谱图或光谱数据比较。常用的标准谱图有以下四种。

(1)Sadtler Standard Spectra(Ultraviolet),Heyden,London,1978。萨特勒标准图谱库,共收集了 46000 种化合物的紫外光谱。

(2)R. A. Friedel and M. Orchin, *Ultraviolet and Visible Absorption Spectra of Aromatic Compounds*,Wiley,New York, 1951。该书收集了 597 种芳香化合物的紫外光谱。

(3) Kenzo Hirayama, *Handbook of Ultraviolet and Visible Absorption Spectra a of Organic Compounds*,New York,Plenum,1967。

(4)Phillips,Bates J P,*Organic Electronic Spectral Data*,Journal of Molecular structure,1973。

二、有机化合物分子结构的推断

紫外-可见分光光度法可以进行化合物某些基团的判别、共轭体系及构型、构象的判断。

1. 推测化合物所含的官能团

有机物的不少基团(生色团),如羰基、苯环、硝基、共轭体系等,都有其特征的紫外或可见吸收带,紫外-可见分光光度法在判别这些基团时,有时是十分有用的。

2. 异构体的判断

这种判断包括顺反异构及互变异构两种。

(1)顺反异构体的判断。生色团和助色团处在同一平面上时,才产生最大的共轭效应。由于反式异构体的空间位阻效应小,分子的平面性能较好,共轭效应强,因此反式的 λ_{max} 都大于顺式异构体。

同一化学式的多环二烯,可能有两种异构体:一种是顺式异构体;另一种是异环二烯,反式异构体。一般来说,异环二烯的吸收带强度总是比同环二烯的大。

(2)互变异构体的判断。某些有机化合物在溶液中可能有两种以上的互变异构体处于动态平衡中,这种异构体的互变过程常伴随有双键的移动及共轭体系的变化,因此也产生吸收光谱的变化。最常见的是某些含氧化合物的酮式与烯醇式异构体之间的互变。例如,乙酰乙酸乙酯就有酮式和烯醇式两种互变异构体:

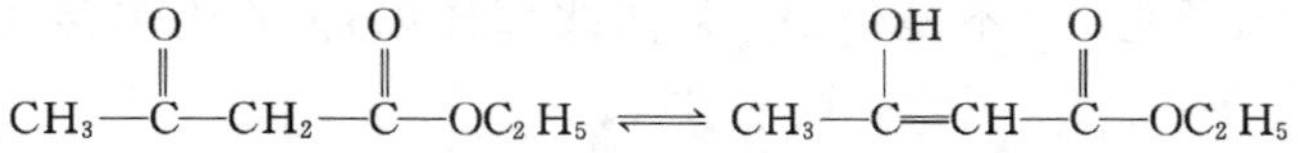

$$CH_3-\overset{\overset{O}{\|}}{C}-CH_2-\overset{\overset{O}{\|}}{C}-OC_2H_5 \rightleftharpoons CH_3-\overset{\overset{OH}{|}}{C}=CH-\overset{\overset{O}{\|}}{C}-OC_2H_5$$

它们的吸收特性不同,酮式异构体:$\pi-\pi^*$ 跃迁:$\lambda_{max}=204$ nm,ε_{max} 小;烯醇式异构体(双键共轭):$\pi-\pi^*$ 跃迁:$\lambda_{max}=245$ nm,$\varepsilon_{max}=18000$。

两种异构体的互变平衡与溶剂有密切关系。在像水这样的极性溶剂中,由于 $>C=O$ 可能与 H_2O 形成氢键而降低能量以达到稳定状态,所以酮式异构体占优势:

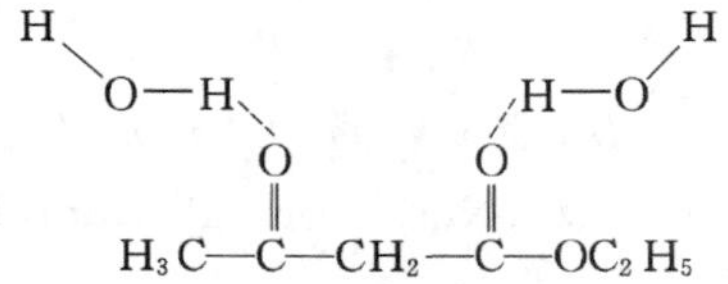

$$\begin{array}{c} H \quad\quad\quad\quad\quad\quad\quad\quad\quad H \\ \backslash \quad\quad\quad\quad\quad\quad\quad\quad / \\ O-H\cdots\quad\quad\quad\quad\cdots H-O \\ \vdots \quad\quad\quad\quad\quad\quad \vdots \\ H_3C-\overset{\overset{O}{\|}}{C}-CH_2-\overset{\overset{O}{\|}}{C}-OC_2H_5 \end{array}$$

而像乙烷这样的非极性溶剂中,由于形成分子内的氢键,且形成共轭体系,使能量降低以达到稳定状态,所以烯醇式异构体比率上升:

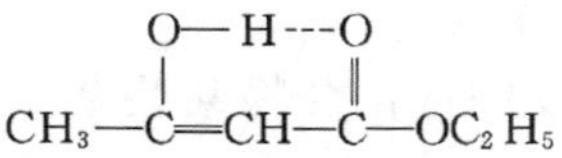

$$\begin{array}{c} O-H\cdots O \\ CH_3-\overset{|}{C}=CH-\overset{\|}{C}-OC_2H_5 \end{array}$$

此外,紫外-可见分光光度法还可以判断某些化合物的构象(如取代基是平伏键还是直立键)及旋光异构体等。

三、纯度检查

(1)如果一个化合物在紫外区没有吸收峰,而其中的杂质有较强的吸收,就可方便地检查该化合物中是否含有微量的杂质。

例 2.1 检查甲醇或乙醇中是否含有杂质苯。苯在 256 nm 处有 B 吸收带,而甲醇或乙醇在此波长附近几乎没有吸收。

例 2.2 检查四氯化碳中有无二硫化碳杂质。二硫化碳在 318 nm 处有吸收峰。

(2)如果一个化合物在紫外可见区有较强的吸收带,有时可用摩尔吸收系数来检查其纯度。

例 2.3 检查菲的纯度。在氯仿溶液中,菲在 296 nm 处有强吸收(文献值 $\lg\varepsilon=4.10$)。如果测得样品溶液的 $\lg\varepsilon<4.10$,则说明含有杂质。

(3)工业上往往要把不干性油(双键不共轭)转变为干性油(双键共轭),可用紫外光谱判断双键是否共轭。饱和或双键不共轭小于 210 nm;两个共轭双键:约为 220 nm;三个共轭双键:约为 270 nm;四个共轭双键:约为 310 nm。

四、定量分析

定量分析的依据:朗伯-比尔定律。该方法应用广泛。

紫外-可见分光光度法定量分析的方法常见的有如下几种。

1. 单组分的定量分析

如果在一个试样中只要测定一种组分,且在选定的测量波长下,试样中其他组分对该组分不干扰,那么这种单组分的定量分析较简单。一般有标准对照法和标准曲线法两种。

(1)标准对照法。

在相同条件下,平行测定试样溶液和某一浓度 C_s(应与试液浓度接近)的标准溶液的吸光度 A_x 和 A_s,则由 C_s 可计算试样溶液中被测物质的浓度 C_x 为

$$A_s=KC_s \qquad A_x=KC_x$$

$$C_x=\frac{C_sA_x}{A_s}$$

标准对照法因使用单个标准,引起误差的偶然因素较多,故往往较不可靠。

(2)标准曲线法。

这是实际分析工作中最常用的一种方法。配制一系列不同浓度的标准溶液,以不含被测组分的空白溶液作参比,测定标准系列溶液的吸光度,绘制吸光度-浓

度曲线，称为校正曲线(也叫标准曲线或工作曲线)。在相同条件下测定试样溶液的吸光度，从校正曲线上找出与之对应的未知组分的浓度。

此外，有时还可以采用标准加入法。

2. 多组分的定量分析

根据吸光度具有加和性的特点，在同一试样中可以同时测定两个或两个以上组分。假设要测定试样中的两个组分 a、b，如果分别绘制 a、b 两种纯物质的吸收光谱，绘出三种情况，如图 2.5 所示。

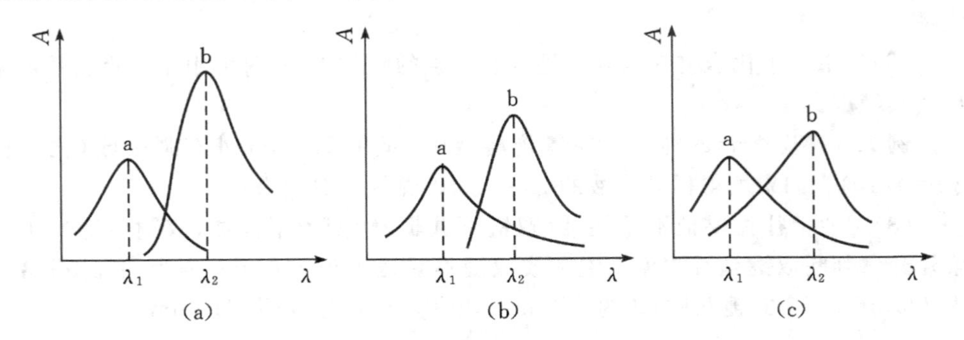

图 2.5　多组分吸收光谱的重叠情况

图 2.5(a)情况表明两组分互不干扰，可以用测定单组分的方法分别在波长 λ_1、λ_2 情况下测定 a、b 两组分。

图 2.5(b)情况表明 a 组分对 b 组分的测定有干扰，而 b 组分对 a 组分的测定无干扰，因此可以在 λ_1 处单独测量 a 组分，求得 a 组分的浓度 C_a。然后在 λ_2 处测量溶液的吸光度及 a、b 纯物质的吸光度值，根据吸光度的加和性，则可以求出 C_b。

图 2.5(c)情况表明两组分彼此互相干扰。此时，两种被测定组分的吸收曲线相重合，且遵守朗伯-比尔定律，因此可在两波长 λ_1 及 λ_2 时(λ_1、λ_2 是两种组分单独存在时吸收曲线最大吸收峰波长)测定其总吸光度，然后换算成被测定物质的浓度。

根据朗伯-比尔定律，假定吸收槽的长度一定，则

对于单组分 a：$A_{\lambda}^{a}=K_{\lambda}^{a}C_a$

对于单组分 b：$A_{\lambda}^{a}=K_{\lambda}^{b}C_b$

设 $A_{\lambda_1}^{a+b}$、$A_{\lambda_2}^{a+b}$分别代表在 λ_1 及 λ_2 时混合溶液的总吸光度，则

$$A_{\lambda_1}^{a+b}=A_{\lambda_1}^{a}+A_{\lambda_1}^{b}=K_{\lambda_1}^{a}C_a+K_{\lambda_1}^{b}C_b$$

$$A_{\lambda_2}^{a+b}=A_{\lambda_2}^{a}+A_{\lambda_2}^{b}=K_{\lambda_2}^{a}C_a+K_{\lambda_2}^{b}C_b$$

此处 $A_{\lambda_1}^{a}$、$A_{\lambda_2}^{a}$、$A_{\lambda_1}^{b}$、$A_{\lambda_2}^{b}$ 分别代表在 λ_1 及 λ_2 时组分 a 和 b 的吸光度。由上式可得

$$C_b=\frac{A_{\lambda_1}^{a+b}-K_{\lambda_1}^{a}C^{a}}{K_{\lambda_1}^{b}},\quad C_a=\frac{K_{\lambda_1}^{b}A_{\lambda_2}^{a+b}-K_{\lambda_2}^{b}A_{\lambda_1}^{a+b}}{K_{\lambda_2}^{a}K_{\lambda_1}^{b}-K_{\lambda_2}^{b}K_{\lambda_1}^{a}}$$

这些不同的 K 值均可由纯物质求得，也就是说，在纯物质的最大吸收峰的波长为 λ 时，测定吸光度 A 和浓度 C 的关系。如果在该波长处符合朗伯-比尔定律，那么 $A-C$ 为直线，直线的斜率为 K，$A_{\lambda_1}^{a+b}$、$A_{\lambda_2}^{a+b}$是混合溶液在 λ_1、λ_2 时测得的总吸光度，因此可计算混合溶液中组分 a 和组分 b 的浓度。

3. 双波长分光光度法

当试样中两组分的吸收光谱重叠较为严重时，用解联立方程的方法测定两组分的含量可能误差较大，这时可以用双波长分光光度法测定。它可以在其他组分干扰下，测定单一组分的含量，也可以同时测定两组分的含量。双波长分光光度法定量测定两混合物组分的主要方法有等吸收波长法和系数倍率法两种。

(1)等吸收波长法。

试样中含有 a、b 两组分，若要测定 b 组分，a 组分有干扰，采用双波长法进行 b 组分测量时方法如下：为了要消除 a 组分的吸收干扰，一般首先选择待测组分 b 的最大吸收波长 λ_2 为测量波长，然后用作图法选择参比波长 λ_1，作法如图2.6 所示。

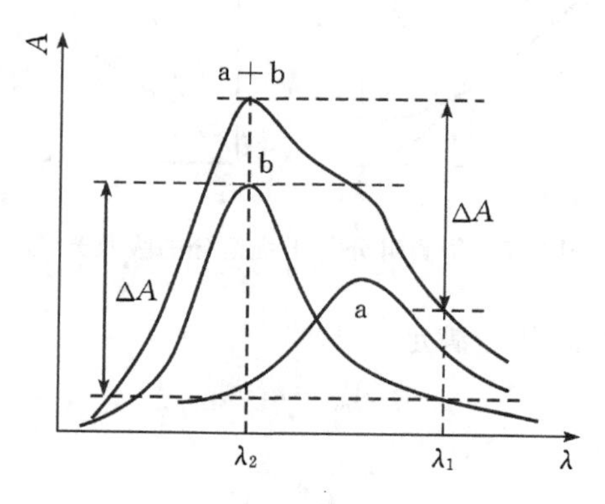

图 2.6 双组分吸收光谱

在 λ_2 处作一波长为横轴的垂直线，交于组分 b 吸收曲线的另一点，再从这点作一条平行于波长轴的直线，交于组分 b 吸收曲线的另一点，该点所对应的波长成为参比波长 λ_1。可见组分 a 在 λ_2 和 λ_1 处是等吸收点，即 $A_{\lambda_2}^{a}=A_{\lambda_1}^{b}$。

由吸光度的加和性可见，混合试样在 λ_2 和 λ_1 处的吸光度可表示为

$$A_{\lambda_2}=K^{a}C_a$$

$$A_{\lambda_2}=A_{\lambda_2}^{a}+A_{\lambda_2}^{b}$$

$$A_{\lambda_1}=A_{\lambda_1}^{a}+A_{\lambda_1}^{b}$$

双波长分光光度计的输出信号为 ΔA

$$\Delta A = A_{\lambda_2} - A_{\lambda_1} = A_{\lambda_2}^{b} + A_{\lambda_2}^{a} - A_{\lambda_1}^{b} - A_{\lambda_1}^{a}$$

$$A_{\lambda_2}^{a} = A_{\lambda_1}^{a}$$

$$\Delta A = A_{\lambda_2}^{b} - A_{\lambda_1}^{b} = (\varepsilon_{\lambda_2}^{b} - \varepsilon_{\lambda_1}^{b}) b C_b$$

可见仪器的输出信号 ΔA 与干扰组分 a 无关，它只正比于待测组分 b 的浓度，即消除了 a 的干扰。

(2)系数倍率法。

当干扰组分 a 的吸收光谱曲线不呈峰状，仅是陡坡状时，不存在两个波长处的等吸收点时，如图 2.7 所示。在这种情况下，可采用系数倍率法测定 b 组分，并采用双波长分光光度计来完成。选择两个波长 λ_1、λ_2，分别测量 a、b 混合液的吸光度 A_{λ_2}、A_{λ_1}，利用双波长分光光度计中差分函数放大器，把 A_{λ_2}、A_{λ_1} 分别放大 k_1、k_2 倍，获得两波长处测得的差示信号 S：

$$S = k_2 A_{\lambda_2} - k_1 A_{\lambda_1} = k_2 A_{\lambda_2}^{b} + k_2 A_{\lambda_2}^{a} - k_1 A_{\lambda_1}^{b} - k_1 A_{\lambda_1}^{a}$$

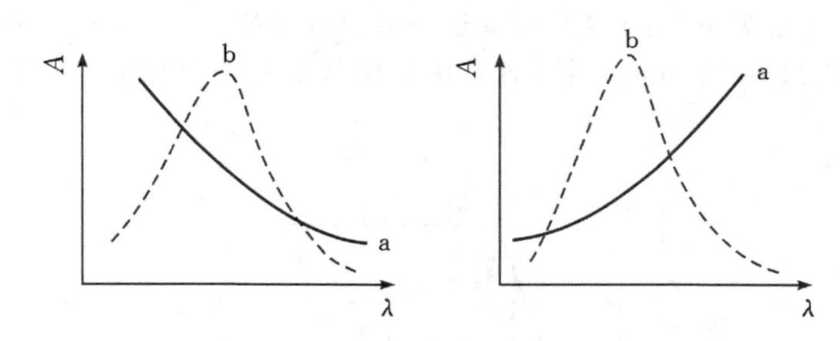

图 2.7　待测组分与干扰组分的吸收光谱

调节放大器，选取和，使之满足

$$k_2 A_{\lambda_2}^{a} = k_1 A_{\lambda_1}^{a}$$

得到系数倍率 K 为

$$k = \frac{k_2}{k_1} = \frac{A_{\lambda_1}^{a}}{A_{\lambda_2}^{a}}$$

$$S = k_2 A_{\lambda_2}^{b} - k_1 A_{\lambda_1}^{b} = (k_2 \varepsilon_{\lambda_2}^{b} - k_1 \varepsilon_{\lambda_1}^{b}) b C_b$$

差示信号 S 与待测组分 b 的浓度 C_b 成正比，与干扰组分 a 无关，即消除了 a 的干扰。

4. **导数分光光度法**

采用不同的实验方法可以获得各种导数光谱曲线。实验方法包括双波长法、电子微分法和数值微分法。

将 $A=\ln\dfrac{I_0}{I}=\varepsilon bc$ 对波长 λ 求导得

$$\frac{\mathrm{d}I}{\mathrm{d}\lambda}=\exp(-\varepsilon bc)\frac{\mathrm{d}I_0}{\mathrm{d}\lambda}-I_0\exp(-\varepsilon bc)bc\frac{\mathrm{d}\varepsilon}{\mathrm{d}\lambda}$$

在整个波长范围 I_0 内可控制在恒定值，$\mathrm{d}I_0/\mathrm{d}\lambda=0$，则

$$\frac{\mathrm{d}I}{\mathrm{d}\lambda}=-Ibc\left(\frac{\mathrm{d}\varepsilon}{\mathrm{d}\lambda}\right)$$

上式表明，第一，导数分光光度法的一阶导数信号与浓度成正比，不需要通过对数转换为吸光度；第二，测定灵敏度决定于摩尔吸光系数在特定波长处的变化率 $\mathrm{d}\varepsilon/\mathrm{d}\lambda$，在吸收曲线的拐点波长处 $\mathrm{d}\varepsilon/\mathrm{d}\lambda$ 最大，灵敏度最高，如图 2.8 所示。

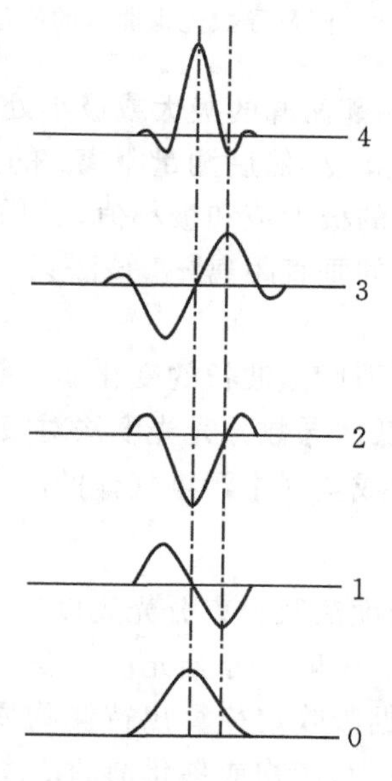

图 2.8　导数分光光度法

对于二阶导数光谱有

$$\frac{\mathrm{d}^2I}{\mathrm{d}\lambda^2}=Ib^2c^2\left(\frac{\mathrm{d}\varepsilon}{\mathrm{d}\lambda}\right)^2-Ibc\left(\frac{\mathrm{d}^2\varepsilon}{\mathrm{d}\lambda^2}\right)$$

只有当一阶导数 $\mathrm{d}\varepsilon/\mathrm{d}\lambda=0$ 时，二阶导数信号才与浓度成正比例。测定波长选择在吸收峰处，其曲率 $\mathrm{d}^2\varepsilon/\mathrm{d}\lambda^2$ 最大，灵敏度高。

三阶导数光谱为

$$\frac{\mathrm{d}^3I}{\mathrm{d}\lambda^3}=Ib^3c^3\left(\frac{\mathrm{d}\varepsilon}{\mathrm{d}\lambda}\right)^3+3Ib^2c^2\left(\frac{\mathrm{d}\varepsilon}{\mathrm{d}\lambda}\right)\left(\frac{\mathrm{d}^2\varepsilon}{\mathrm{d}\lambda^2}\right)-Ibc\left(\frac{\mathrm{d}^3\varepsilon}{\mathrm{d}\lambda^3}\right)$$

当一阶导数 $\mathrm{d}\varepsilon/\mathrm{d}\lambda=0$ 时，三阶导数信号与浓度成比例，测定波长在曲率半径

小的肩峰处 $d^3\varepsilon/d\lambda^3$ 最大，可获得高的灵敏度。

在一定条件下，导数信号与被测组分的浓度成比例。测量导数光谱曲线的峰值方法有基线法、峰谷法，如图 2.9 所示。

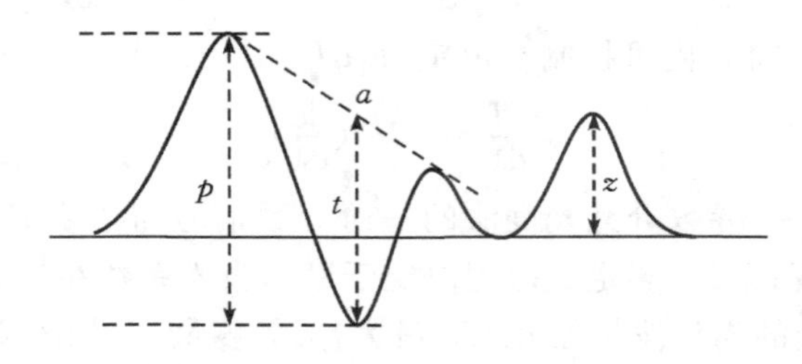

图 2.9　测量导数光谱曲线的峰值方法

基线法又称切线法，在相邻两峰的极大或极小处画一公切线，再由峰谷引一条平行于纵坐标的直线相交于 a 点，然后测量距离 t 的大小。

峰谷法是测量相邻两峰的极大值和极小值之间的距离 p，这是较常用的方法。

峰零法是测量峰至基线的垂直距离 z。该法只适用于导数光谱曲线对称于横坐标的高阶导数光谱。

导数分光光度法对吸收强度随波长的变化非常敏感，灵敏度高，对重叠谱带及平坦谱带的分辨率高，噪声低。导数分光光度法对痕量分析、稀土元素、药物、氨基酸、蛋白质的测定，以及废气或空气中污染气体的测定非常有用。

5. **其他分析方法**

主要介绍动力学分光光度法及胶束分光光度法。

(1)动力学分光光度法。一般的分光光度法是在溶液中发生的化学反应达到平衡后测量吸光度，然后根据吸收定律算出待测物质的含量。而动力学分光光度法则是利用反应速率与反应物、产物或催化剂的浓度之间的定量关系，通过测量与反应速率成正比例关系的吸光度，从而计算待测物质的浓度。根据催化剂的存在与否，动力学分光光度法可分为非催化和催化分光光度法。当利用酶这种特殊的催化剂时，则称为酶催化分光光度法。由反应速度方程式及吸收定律方程式可以推导出动力学分光光度法的基本关系为

$$A=KC_c$$

式中：K 为常数；C_c为催化剂的浓度。测定 C_c的方法有：①固定时间法；②固定浓度法；③斜率法三种。

动力学分光光度法的优点：灵敏度高，选择性好(有时是特效的)，应用范围广(快速、慢速反应，有副反应，高、低浓度均可)。缺点：影响因素较多，测量条件不易控制，误差经常较大。

(2)胶束分光光度法。胶束分光光度法是利用表面活性剂的增强、增敏、增稳、褪色、析向等作用,以提高显色反应的灵敏度、对比度或选择性,改善显色反应条件,并在水相中直接进行光度测量的分光光度法。

表面活性剂(有阳离子型、阴离子型、非离子型之分)在水相中有生成胶体的倾向,随其浓度的增大,体系由真溶液转变为胶体溶液,形成极细小的胶束,体系的性质随之发生明显的变化。体系由真溶液转变为胶束溶液时,表面活性剂的浓度称为临界胶束浓度,常用 cmc 表示。由于形成胶束而使显色产物溶解度较大的现象,称为胶束增容效应。由于胶束与显色产物的相互作用,结合成胶束化合物,增大了显色分子的有效吸光截面,增强其吸光能力,使 ε 增大,提高了显色反应的灵敏度,称为胶束的增敏效应。胶束增溶分光光度法比普通分光光度法的灵敏度有显著的提高,ε 可达 10^6 ($L \cdot mol^{-1} \cdot cm$)。近年来,这种方法得到了很广泛的应用。

第三节 722S 分光光度计的使用

一、仪器的基本操作

1. 预热

仪器开机后灯及电子部分需热平衡,故开机预热 30 min 后才能进行稳定工作。

2. 调零

目的:校正基本读数标尺两端(配合 100%T 调节),进入正常测试状态。

调整时:开机预热后,改变测试波长时或测试一段时间,以及作高精度测试前。

操作:打开试样盖(关闭光门)或用不透光材料在样品室中遮断光路,然后按 0%键,即能自动调整零位。

3. 调整 100%T

目的:校正基本读数标尺两端(配合调零),进入正确测试状态。

调整时:开机预热后,改变测试波长或测试一段时间后,以及作高精度测试前。(一般在调零前应加一次 100%T 调整以使仪器内部自动增益到位)

操作:将用作背景的空白样品置入样品室光路中,盖下试样盖(同时打开光门)按下 100%T 键即能自动调整 100%T(若一次有误差可加按一次)。

4. **调整波长**

使用仪器上唯一的旋钮，即可方便地调整仪器当前测试波长，具体波长由旋钮左侧的显示窗显示，读出波长时目光应垂直观察。

5. **改变试样位置让不同样品进入光路**

仪器标准配置中试样槽架是四位置的，用仪器前面的试样槽拉杆来改变，打开样品室盖以便观察样品槽中的样品位置，最靠近测试者的为“0”位置，依次为“1”“2”“3”位置，当拉杆到位时有定位感，到位时请前后轻轻推动一下以确保定位正确。

6. **确定滤光片的位置**

本仪器备有减少杂光、提高 340～380 nm 波段光度准确性的滤光片，位于样品室内的左侧，用一拨杆来改变位置。

当测试波长在 340～380 nm 波段内作高精度测试时，可将拨杆置于 400～1000 nm 处。

7. **改变标尺**

本仪器设有以下四种标尺。

透射比：用于对透明溶液和透明固体测量透射特点。

吸光度：用于采用标准曲线法或绝对吸收法定量分析，在动力学测试时亦能利用本系统。

光度因子：用于在浓度因子法浓度直读时设定浓度因子。

浓度直读：用于标样法浓度直读时，作设定和读出，亦用于设定浓度因子后的浓度直读。

各标尺间的转换用模式键操作并由“透射比”“吸光度”“浓度因子”“浓度直读”指示灯分别指示，开机初始状态为“透射比”，每按一次顺序循环。

二、应用操作

1. **测定透明材料的透射比**

预热→设定波长→置入空白→置标尺为“透射比”→确定滤光片的位置→粗调 100%T→调零→调 100%T→置入样品→读出数据。

2. **测定透明溶液的吸光度**

预热→设定波长→置入空白→置标尺为“透射比”→确定滤光片的位置→粗调 100%T→调零→调 100%T→置标尺为“吸光度”→置入样品→读出数据。

实验一　邻二氮菲分光光度法测定铁
——基本条件实验及试样中微量铁的测定

一、实验目的

(1)掌握分光光度法测铁的基本原理和方法。

(2)掌握 722S 分光光度计的构造和使用方法。

(3)了解分光光度法测铁的基本实验条件的选择方法。

二、实验原理

(1)邻二氮菲(phen)和 Fe^{2+} 在 pH 值为 3~9 的溶液中,生成一种稳定的橙红色络合物 $Fe[phen]_3^{2+}$,其 $\lg K=21.3$,$K_{508}=1.1\times10^4\ L\cdot mol^{-1}\cdot cm^{-1}$,最大吸收波长 $\lambda_{max}=508\ nm$,铁含量在 $0.1\sim6\ \mu g\cdot mL^{-1}$ 范围内遵守朗伯-比尔定律。显色前需用盐酸羟胺或抗坏血酸将 Fe^{3+} 全部还原为 Fe^{2+},然后再加入邻二氮菲,并调节溶液酸度至适宜的显色酸度范围。

$$2Fe^{3+}+2NH_2OH\cdot HCl = 2Fe^{2+}+N_2\uparrow+2H_2O+4H^{+}+2Cl^{-}$$

$$Fe^{2+}+3phen \longrightarrow Fe[phen]_3^{2+}$$

(2)实验方法:标准曲线法。

配制一系列浓度不等的 Fe^{2+} 标准溶液,在实验条件下依次测量各浓度标准溶液的吸光度(A),以溶液的浓度 C 为横坐标,相应的吸光度 A 为纵坐标,绘制标准曲线。

在同样实验条件下,测定待测溶液的吸光度 A_x,根据测得的吸光度值从标准曲线上查出相应的浓度值 C_x,即可计算试样中被测物质的质量浓度。

三、仪器与试剂

1. 仪器

722S 型可见分光光度计。

2. 试剂

(1)$0.1\ g\cdot L^{-1}$ 铁标准储备液:准确称取 0.7020 g $NH_4Fe(SO_4)_2\cdot6H_2O$ 置于烧杯中,加少量水和 20 mL 1∶1 H_2SO_4 溶液,溶解后,定量转移到 1 L 容量瓶中,用水稀释至刻度,摇匀。

(2)$10^{-3}\ mol\cdot L^{-1}$ 铁标准溶液:可用铁储备液稀释配制。

(3)100 g·L^{-1}盐酸羟胺水溶液：用时现配。

(4)1.5 g·L^{-1}邻二氮菲水溶液：避光保存，溶液颜色变暗时不能使用。

(5)1.0 mol·L^{-1}乙酸钠溶液。

(6)0.1 mol·L^{-1}氢氧化钠溶液。

四、实验步骤

1.显色标准溶液的配制

在序号为1～6的6只50 mL容量瓶中，用吸量管分别加入0、0.20、0.40、0.60、0.80、1.0 mL铁标准溶液(含铁0.1 g/L)，分别加入1 mL 100 g/L盐酸羟胺溶液，摇匀后放置2 min，再各加入2 mL 1.5 g/L邻二氮菲溶液、5 mL 1.0 moL·L^{-1}乙酸溶液，以水稀释至刻度，摇匀。

2.吸收曲线的绘制

在分光光度计上，用1 cm吸收池，以试剂空白溶液(1号)为参比，在440～560 nm之间，每隔10 nm测定一次待测溶液(5号)的吸光度A，以波长λ为横坐标，吸光度为纵坐标，绘制吸收曲线，从而选择测定铁的最大吸收波长λ_{max}。

3.显色剂用量的确定

在7只50 mL容量瓶中，各加2.0 mL 10^{-3} mol·L^{-1}铁标准溶液和1.0 mL 100 g·L^{-1}乙酸钠溶液，然后分别加入0.00、0.50、1.00、1.50、2.00、2.50、3.00 mL 1.5 g·L^{-1}邻二氮菲溶液，以水稀释至刻度，摇匀。以水为参比，在选定波长λ_{max}下测量各溶液的吸光度。以显色剂邻二氮菲的体积V_{phen}为横坐标、相应的吸光度A为纵坐标，绘制吸光度-显色剂用量曲线，确定显色剂的用量。

4.溶液适宜酸度范围的确定

在9只50 mL容量瓶中各加入2.0 mL 10^{-3} mol·L^{-1}铁标准溶液和1.0 mL 100 g·L^{-1}盐酸羟胺溶液，摇匀后放置2 min。各加2 mL 1.5 g·L^{-1}邻二氮菲溶液，然后从滴定管中分别加入0.00、2.00、5.00、8.00、10.00、20.00、25.00、30.00、40.00 mL 0.1 mol·L^{-1}NaOH溶液摇匀，以水稀释至刻度，摇匀。用精密pH试纸或酸度计测量各溶液的精确pH值。

以水为参比，在选定波长下，用1 cm吸收池测量各溶液的吸光度A。绘制A-pH值曲线，确定适宜的pH值范围。

5.络合物稳定性的研究

移取2.0 mL 10^{-3} mol·L^{-1}铁标准溶液于50 mL容量瓶中，加入1.0 mL

100 g・L^{-1}盐酸羟胺溶液混匀后放置2 min。2.0 mL 1.5 g・L^{-1}邻二氮菲溶液和5.0 mL 1.0 mol・L^{-1}乙酸钠溶液，以水稀释至刻度，摇匀。以水为参比，在选定波长下，用1 cm吸收池，每放置一段时间测量一次溶液的吸光度。

放置时间：5 min、10 min、30 min、1 h、2 h、3 h。

以放置时间 t 为横坐标，吸光度为纵坐标绘制 $A-t$ 曲线，对络合物的稳定性作出判断。

6. 标准曲线的绘制

以步骤1中试剂空白溶液（1号）为参比，用1 cm吸收池，在选定波长下测定2～6号各显色标准溶液的吸光度。在坐标纸上，以铁的浓度 C 为横坐标，相应的吸光度 A 为纵坐标，绘制标准曲线。

7. 铁含量的测定

试样溶液按步骤1显色后，在相同条件下测量吸光度，由标准曲线计算试样中微量铁的质量浓度。

五、数据处理

按实验内容中要求的进行数据处理。

六、问题与讨论

（1）用邻二氮菲测定铁时，为什么要加入盐酸羟胺？其作用是什么？试写出有关反应方程式。

（2）根据有关实验数据，如何计算邻二氮菲络合物在选定波长下的摩尔吸收系数？

（3）在有关条件实验中，均以水为参比，为什么在测绘标准曲线和测定试液时要以试剂空白溶液为参比？

实验二　分光光度法测定邻二氮菲-铁(Ⅱ)络合物的组成

一、实验目的

（1）了解分光光度法的应用。

（2）掌握分光光度法测定络合物组成的方法。

(3)进一步熟悉722S可见分光光度计的使用。

二、实验原理

络合物组成的确定是研究络合反应平衡的基本问题之一。金属离子M和络合剂L形成络合物的反应为

$$M+nL \xlongequal{} ML_n$$

式中：n为络合物的配位数，可用摩尔比法(或称饱和法)进行测定。

方法：配制一系列溶液，各溶液的金属离子浓度、酸度、温度等条件恒定，只改变配位体邻二氮菲的浓度，在络合物的最大吸收浓度处测定各溶液的吸光度(A)。以吸光度(A)对摩尔比C_L/C_M作图，将曲线的线性部分延长相交于一点，该点对应的C_L/C_M值即为配位数n。

摩尔比较法多用于稳定性较高的络合物组成的测定。

三、仪器与试剂

1. 仪器

722S型可见分光光度计。

2. 试剂

(1)10^{-3} mol·L^{-1}铁标准溶液。

(2)100 g·L^{-1}盐酸羟胺溶液。

(3)10^{-3} mol·L^{-1}邻二氮菲水溶液。

(4)1.0 mol·L^{-1}乙酸钠溶液。

四、实验步骤

取9只50 mL容量瓶，各加入1.0 mL 10^{-3} mol·L^{-1}铁标准溶液，1 mL 100 g·L^{-1}盐酸羟胺溶液，摇匀，放置2 min。依次加入1.0、1.5、2.0、2.5、3.0、3.5、4.0、4.5、5.0 mL 10^{-3} mol·L^{-1}邻二氮菲溶液，然后各加5 mL 1.0 mol·L^{-1}乙酸钠溶液，以水稀释到刻度，摇匀。在510 nm处，用1 cm吸收池，以水为参比，测定各溶液的吸光度(A)。以A对C_L/C_M作图，将曲线直线部分延长并相交，根据交点位置确定络合物的配位数n。

五、问题与讨论

(1)在什么条件下，才可以使用摩尔比法测定络合物的组成？

(2)在此实验中为什么可以用水为参比，而不必用试剂空白溶液为参比？

实验三　午餐肉中亚硝酸盐含量的测定(分光光度法)

一、实验目的

(1)掌握分光光度法测定肉制品中亚硝酸盐含量的测定原理及实验方法。

(2)熟练掌握分光光度计操作。

(3)了解食品中蛋白质及脂肪的分离方法和亚硝酸盐的提取方法。

(4)能灵活运用所学方法对市场上的各种肉制品中亚硝酸盐含量进行准确测定。

亚硝酸盐和硝酸盐是肉制品制作时经常采用的添加剂。它们在制品中转化为亚硝酸,而亚硝酸不稳定易分解出亚硝基(—NO),生成的亚硝基又能迅速与肉类中的肌红蛋白反应形成色泽鲜艳亮红的亚硝基肌红蛋白。当亚硝基肌红蛋白遇热后,放出巯基(—SH),变成为一种具有鲜红色的亚硝基血色原,使肉制品呈现新鲜的色泽。同时,当亚硝酸与食盐并用时,可以有效地抑制微生物的增长,尤其对肉毒梭状芽孢杆菌更有特殊的抑制作用。由于亚硝酸盐的双重作用,而且花费不大,厂家在制作肉制品时,常作为首选的添加剂。

但是,若人体过多摄入亚硝酸,会引起正常亚铁血红蛋白转化为正铁血红蛋白,致使血红蛋白失去携氧功能,导致人体组织缺氧。我国食品添加剂使用卫生标准规定:在肉类罐头及肉类制品中,硝酸盐的最大使用量为 0.5 g/kg,亚硝酸钠为 0.15 g/kg。但加工后残留的亚硝酸钠,在肉类罐头中不超过 0.05 g/kg,肉制品中不超过 0.03 g/kg。

测定亚硝酸盐的方法有多种,如荧光法、离子选择性电极法、色谱法、分光光度法等。这里采用被普遍使用的盐酸萘乙二胺光度法。

二、实验原理

将样品中的蛋白质和脂肪去除后,在弱酸介质中,亚硝酸盐与对氨基苯磺酸发生重氮化反应后,再与盐酸萘乙二胺耦合形成紫红色染料,它在波长为 540 nm 处有最大吸收峰。而生成染料颜色的深度与溶液中亚硝酸盐含量成正比,可用于定量测定。

三、仪器与试剂

1. 仪器

721 分光光度计。

2. 试剂

(1)硼砂饱和溶液：称取硼砂($Na_2B_4O_7 \cdot 10H_2O$)50 g 于 200 mL 烧杯中，加入热蒸馏水溶解，配至 1000 mL，冷却，装入小口具塞试剂瓶备用。

(2)硫酸锌溶液(300 g/L)：称取 300 g 硫酸锌($ZnSO_4 \cdot 7H_2O$)溶于热蒸馏水中，再配至 1000 mL。

(3)对氨基苯磺酸溶液(4 g/L)：称取 4 g 对氨基苯磺酸于小烧杯中，用盐酸(1∶1)溶解，再配至 1000 mL，贮存于棕色小口具塞试剂瓶中，避光保存。

(4)盐酸萘乙二胺溶液(2 g/L)：称取 2 g 盐酸萘乙二胺于小烧杯中，用水溶解，配至 1000 mL，贮存于棕色小口具塞试剂瓶中，避光保存。

(5)亚硝酸钠标准贮备液(200 μg/mL)：称取 0.1000 g 优级纯亚硝酸钠于小烧杯中，用水溶解后转移入 500 mL 容量瓶中，用水定容。此溶液即为 200 μg/L $NaNO_2$ 标准贮备溶液。

(6)亚硝酸钠标准工作液(5 μg/mL)：移取亚硝酸钠标准贮备液(200 μg/mL) 25.0 mL 于 1000 mL 容量瓶中，用水定容。此溶液即为 5 μg/mL $NaNO_2$ 标准工作溶液，即用即配。

四、标准曲线的绘制

分别移取 0.00、0.20、0.40、0.60、0.80、1.00、1.50、2.00、2.50、3.00 mL 亚硝酸钠标准工作液(5 μg/mL)于一系列 50 mL 容量瓶中(相当于含有 0.0、1.0、2.0、3.0、4.0、5.0、7.5、10.0、12.5、15.0 μg $NaNO_2$)，各加入 4 g/L 对氨基苯磺酸溶液 2 mL，摇匀，静置 3～5 min。再各加 2 g/L 盐酸萘乙二胺溶液 1.0 mL 后，用水定容。15 min 后，采用 2 cm 比色皿，以试剂空白(即标准系列的第一瓶溶液)为参比溶液，于 540 nm 处测定吸光度，绘制标准曲线。

五、样品测定

1. 试样的处理及测定试液的配制

称取经搅碎混合均匀的午餐肉试样 2 g(称至精度 0.001 g)于 100 mL 烧杯中，加入硼砂饱和溶液 6 mL，用玻棒搅拌数分钟后，用70 ℃左右的蒸馏水约

60 mL将其洗入 150 mL 烧杯中。将烧杯置于沸水浴中加热 15 min,取出,趁热滴加 10 mL 300 g/L 硫酸锌,使蛋白质沉淀。冷却至室温,用干滤纸按倾泻法过滤,滤液用 100 mL 容量瓶承接,用水定容。

2. **测定**

吸取 10 mL 上述测定液于 50 mL 容量瓶中,加入 2 mL 4 g/L 对氨基苯磺酸溶液,摇匀,静置 3～5 min,再加入 2 g/L 盐酸萘乙二胺溶液 1.0 mL,用水定容。15 min后,采用 2 cm 比色皿,以试剂空白为参比溶液,用 721 分光光度计于 540 nm 处测定吸光度。

六、数据处理

$$\text{亚硝酸钠含量}=\frac{x\cdot\frac{100}{10}}{m}(\mathrm{mg/kg})$$

式中:x 为从标准曲线上查得的亚硝酸钠质量,μg; m 为样品的质量,g。

七、问题与讨论

(1)常用的蛋白质沉淀剂有哪些?

(2)饱和硼砂溶液具有哪些双重作用?

实验四　双波长紫外分光光度法测定复方磺胺甲噁唑片剂的有效成分

一、实验目的

(1)掌握双波长分光光度法的测定原理。

(2)学习用分光光度法同时测定混合物中多组分的含量。

二、实验原理

当吸收光谱重叠的 a、b 两组分共存时,若要消除 a 组分的干扰测定 b 组分,可在 a 组分的吸收光谱上选择两个吸光度相等的波长 λ_2 和 λ_1,其中 λ_2 为测定波长,λ_1 为参比波长,测量并计算混合物在两个波长处吸光度的差值,该差值与待测物的浓度成正比,而与干扰物的浓度无关。原理如下:

$$A_{\lambda_1(混)} = A_{\lambda_1}^{a} + A_{\lambda_1}^{b}$$
$$A_{\lambda_2(混)} = A_{\lambda_2}^{a} + A_{\lambda_2}^{b}$$
$$\Delta A = A_{\lambda_2(混)} - A_{\lambda_1(混)} = (A_{\lambda_2}^{a} + A_{\lambda_2}^{b}) - (A_{\lambda_1}^{a} + A_{\lambda_1}^{b})$$

干扰物 a 在所选波长 λ_1 和 λ_2 处吸光度相等，即 $A_{\lambda_2}^{a} = A_{\lambda_1}^{a}$，所以

$$\Delta A = A_{\lambda_2}^{b} - A_{\lambda_1}^{b}$$

复方磺胺甲噁唑片为白色片剂，是常用抗菌药，含有磺胺甲噁唑（SMZ）和甲氧苄啶（TMP），两者在紫外区均有较强的吸收。根据药典，每片复方磺胺甲噁唑片中磺胺甲噁唑的含量为 0.360～0.440 g，甲氧苄啶的含量为 72.0～88.0 mg。

在 0.4%氢氧化钠溶液中，SMZ 在 257 nm 处有最大吸收，TMP 在该波长处的吸收较小，并且在 304 nm 处附近有一等吸收点，如图2.10所示。SMZ 在这两波长处的吸光度差异较大，所以选定 257 nm 为 SMZ 的测量波长 λ_2，在 304 nm 附近选择一参比波长 λ_1，测得样品在 λ_2 和 λ_1 处的吸光度差值 ΔA，ΔA 与 SMZ 的浓度成正比，与 TMP 的浓度无关。

在盐酸-氯化钾溶液中，TMP 在 239 nm 处吸光度较大，SMZ 在该波长处吸收较小并且在 295 nm 附近有一等吸收点。

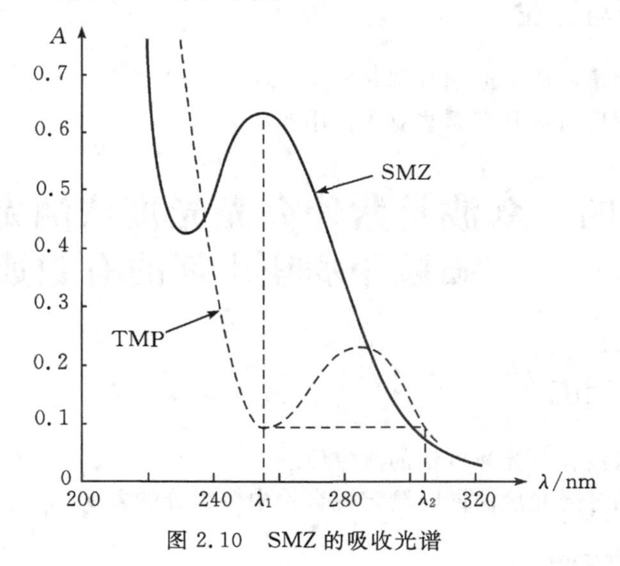

图 2.10 SMZ 的吸收光谱

三、仪器和试剂

1. 仪器

紫外-可见分光光度计、分析天平、恒温干燥箱（0～300 ℃）、石英比色皿、研

钵、比色管、漏斗、漏斗架、移液管。

2. 试剂

(1)乙醇:分析纯;0.4%氢氧化钠溶液;磺胺甲噁唑和甲氧苄啶对照品,复方磺胺甲噁唑片。

(2)0.1 mol/L 盐酸溶液:量取浓盐酸 9 mL,用水稀释至 1000 mL。

(3)盐酸-氯化钾溶液:量取 0.1 mol/L 盐酸溶液 75 mL,加入氯化钾 6.9 g,加水溶解完全稀释至 1000 mL。

(4)0.500 mg/mL 磺胺甲噁唑和 0.100 mg/mL 甲氧苄啶标准对照品储备液:称取于 105 ℃干燥至恒重的磺胺甲噁唑标准对照品 0.1 g 和甲氧苄啶标准对照品 0.1 g(均准确至 0.0001 g)分别置于 200 mL 和 1000 mL 容量瓶中,用乙醇溶解并定容。

四、实验步骤

1. 取样量的确定

$$W_{取样量}=(0.125/0.40)W_{平均片量}$$

2. 取样和制样

取复方磺胺甲噁唑片剂 10 片,准确称量,求得平均片量。放入研钵中研细至无大颗粒存在,按上式计算 $W_{取样量}$。称取研细的粉末于 250 mL 烧杯中(准确至 0.0001 g,并与计算值出入不超过±10%,相当于试样中约含磺胺甲噁唑 125 mg,甲氧苄啶 25 mg),加入 95%乙醇 100 mL,振摇 15 min 使样品溶解,定量转移至 250 mL 容量瓶中,用乙醇定容,过滤,弃去初滤液约 10 mL,将续滤液收集于另一 250 mL 容量瓶中,得样品储备液。

3. 磺胺甲噁唑含量的测定

(1)样品溶液。移取样品储备液 2.00 mL 于 100 mL 容量瓶中,用 0.4%氢氧化钠溶液定容,得样品溶液Ⅰ。

(2)标准工作液。移取磺胺甲噁唑和甲氧苄啶对照品储备液各 2.00 mL,分别置于两个 100 mL 容量瓶中,均用 0.4%氢氧化钠溶液定容,得标准工作液Ⅰ和标准工作液Ⅱ。

(3)双波长测定。取标准工作液Ⅱ,以 0.4%氢氧化钠溶液(或水)作空白样,测量 $\lambda_2=257$ nm 处的吸光度 A_{λ_2},在 304 nm 附近每隔 0.5 nm 测量吸光度 A_{λ_1},寻找 $A_{\lambda_1}=A_{\lambda_2}$ 即 $\Delta A=A_{\lambda_2}-A_{\lambda_1}=0$ 时的等吸收点波长 λ_1(参比波长)。在 λ_2 和 λ_1 处分别测量样品溶液Ⅰ和标准工作液Ⅰ的吸光度,计算各自在 λ_2 和 λ_1 两波长处的

吸光度差值 $\Delta A_{样I}$ 和 ΔA_{I}。

4. **甲氧苄啶含量的测定**

(1)样品溶液。移取样品储备液 5.00 mL 于 100 mL 容量瓶中，用盐酸-氯化钾溶液定容，得样品溶液Ⅱ。

(2)标准工作液。移取磺胺甲噁唑和甲氧苄啶对照品储备液各 5 mL，分别置于两个 100 mL 容量瓶中，均用盐酸-氯化钾溶液定容，得标准工作液Ⅲ和标准工作液Ⅳ。

(3)双波长测定。取标准工作液Ⅲ，以盐酸-氯化钾溶液(或水)作空白，测量 $\lambda_2 = 239$ nm 处的吸光度 A_{λ_2}，在 295 nm 附近每隔 0.2 nm 测量吸光度 A_{λ_1}，寻找 $A_{\lambda_1} = A_{\lambda_2}$，即 $\Delta A = A_{\lambda_2} - A_{\lambda_1} = 0$ 时的等吸收点波长 λ_1(参比波长)。在 λ_2 和 λ_1 处分别测量样品溶液Ⅱ和标准工作液Ⅳ的吸光度，计算各自在 λ_2 和 λ_1 两波长处的吸光度差值 $\Delta A_{样II}$ 和 ΔA_{IV}。

五、数据处理

表 2.2　磺胺甲噁唑和甲氧苄啶双波长测量结果数据记录

试液	$A_{\lambda_{257}}$	A ____nm	ΔA
工作液Ⅰ			
样品溶液Ⅰ			
试液	$A_{\lambda_{239}}$	A ____nm	ΔA
工作液Ⅳ			
样品溶液Ⅱ			

每片药剂中磺胺甲噁唑和甲氧苄啶的含量(g/片)均按下式计算：

$$被测药物标示量 = \frac{\frac{\Delta A_u}{\Delta A_s} \times C_s \times D \times 平均片重}{W \times 标示量} \times 100\%$$

式中：ΔA_u 为供试液的 ΔA 值；ΔA_s 为对照液的 ΔA 值；C_s 为对照液浓度(mg/mL)；D 为稀释倍数；W 为取样量。

六、问题与讨论

(1)双波长分光光度法是如何消除干扰的？

(2)应用双波长分光光度法如何选择测定波长和参比波长？

第三章 分子荧光光谱分析

分子荧光光谱分析也叫荧光分光光度法，是当前普遍使用并有发展前途的一种光谱分析技术。分子荧光的产生是由于分子吸收了紫外或可见光后，电子跃迁至激发态。吸收辐射能后处于电子激发态的分子以发射电磁辐射的方式释放能量回到基态，发射一定波长的光，这个现象叫光致发光现象。最常见的光致发光现象是荧光和磷光。

一、基本原理

1. 荧光的产生

处于激发态的分子返回基态有以下几种途径，如图 3.1 所示。图中 S_0 表示分子的基态，S_1^* 表示第一电子激发单重态，S_2^* 表示第二电子激发单重态，T_1^* 表示第一电子激发三重态。

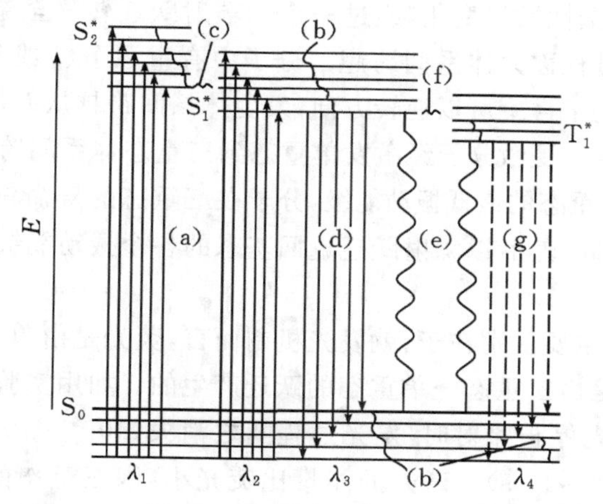

(a)—吸收；(b)—振动弛豫；(c)—内转换；(d)—荧光；(e)—外转换；(f)—体系间跨越；(g)—磷光

图 3.1 荧光和磷光产生示意图

(1)振动弛豫。激发态的分子在很短时间内(约 10^{-12} s)，通过与溶剂分子间的碰撞，将过剩的振动能量以非辐射的形式传递给溶剂分子，释放振动能量后，从较高的振动能级下降至同一电子激发态的最低振动能级上，这一过程叫振动弛豫，属于无辐射跃迁。

$$S_1^* (V=1,2,3,\cdots) \rightarrow S_1^* (V=0)$$
$$S_2^* (V=1,2,3,\cdots) \rightarrow S_2^* (V=0)$$

(2)内转换。如果受激分子以无辐射跃迁方式从较高电子能级的较低振动能级转移至较低电子能级的较高振动能级上，这个过程叫内部能量转换，简称内转换。内转换在激发态与基态之间不易发生，而在两电子激发态能级非常靠近以致其振动能级有重迭，能量相差较小时容易发生。

(3)荧光发射。当激发分子通过振动弛豫达到第一电子激发单重态的最低振动能级后，再以辐射形式发射光量子而返回至基态的各个振动能级时，所发射的光量子即为荧光。

$$荧光：S_1^* (V=0) \rightarrow S_0 (V=1,2,3,\cdots)$$

由于振动弛豫和内转换损失了部分能量，荧光的能量小于原来吸收紫外光(激发光)的能量，所以发射的荧光波长总比激发光波长更长。

(4)外转换。如果溶液中激发分子通过碰撞将能量转移给溶剂分子或其他溶质分子(常以热能的形式放出)，而直接回到基态的过程叫作外部能量转换，简称外转换。

(5)体系间跨越。处于激发单重态较低振动能级的分子有可能发生电子自旋反转而使分子的多重性发生变化，经过一个无辐射跃迁转移至激发三重态的较高振动能级上，这一过程称为体系间跨越。分子中有重原子(I 或 Br)，由于自旋-轨道的强耦合作用，电子自旋可以逆转方向，发生体系间跨越从而使荧光减弱。

(6)磷光的产生。受激分子经激发单重态到三重态体系间跨越后，很快发生振动弛豫，到达激发三重态的最低振动能级，分子在三重态的寿命较长($10^{-4} \sim 10$ s)，所以可延迟一段时间，然后以辐射跃迁返回基态的各个振动能级，这个过程所发射的光即为磷光。

荧光和磷光的主要区别在于：就发光机制而言，荧光是由单重态→单重态的跃迁产生的；而磷光是由三重态→单重态的跃迁产生的。如用实验现象加以区别，对荧光来说，当激发光停止照射时，发光过程随之消失($10^{-9} \sim 10^{-6}$ s)；而磷光则将延续一段时间($10^{-3} \sim 10$ s)。磷光的能量比荧光小(因三重态的能量比单重态的低)，波长较长，发光的时间也较长。

二、激发光谱与荧光光谱(荧光物质分子的两个特征光谱)

如图 3.2 所示，由光源发出的紫外光，通过激发分光系统分光后照射到样品，样品受激发射荧光，在垂直方向检测荧光信号，以免透射光的干扰。这部分荧光再通过发射分光系统后进入检测器。

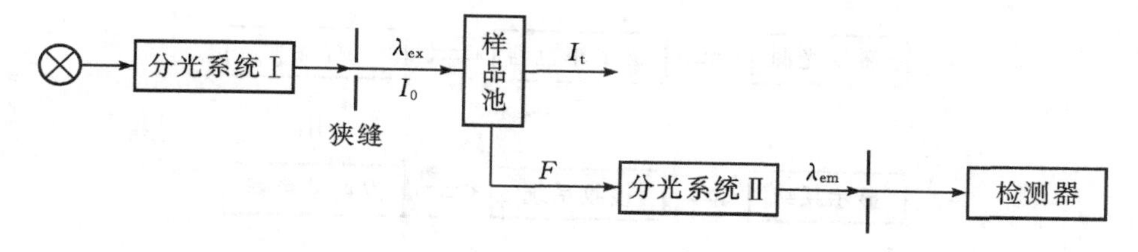

图 3.2　荧光分析仪示意图

激发光谱就是将激发荧光的光源用激发分光系统Ⅰ分光，测定每一激发波长所发射的荧光强度，然后用 $F-\lambda_{ex}$ 作图。

保持激发光的波长和强度不变，而让物质所产生的荧光通过发射分光系统Ⅱ分光，测定每一发射波长荧光强度 F，以 $F-\lambda_{em}$ 作图，得到的就是荧光光谱。

溶液荧光光谱通常具有如下特征。

1. 斯托克斯位移

荧光发射波长总是大于激发波长的现象称为斯托克斯位移。产生斯托克斯位移的原因，是因为分子受激时可能被激发到各级电子激发态的各个振动能级，而发射荧光时，总是从第一激发态的最低振动能级回到基态，有一部分能量损失。

2. 荧光光谱的形状与激发波长无关

因为分子受激时，可能被激发到第一激发态或第二、三激发态，而发射荧光时，只能从第一激发态最低振动能级回到基态的各个振动能级。

3. 荧光光谱与激发光谱的镜像关系

电子从基态跃迁至激发态时，可跃迁至激发态的各个振动能级，而荧光光谱是从第一激发态的最低振动能级跃迁至基态各个振动能级。两个能级的振动能级相似，所以在激发光谱中跃迁能量最小的与荧光光谱中发射能量最大的相对应，激发光谱是以 $S_0(V=0)\rightarrow S_1^*(V=1,2,3,4)$，荧光光谱是以 $S_1^*(V=0)\rightarrow S_0(V=1,2,3,4)$。由于荧光能量小在长波段，激发光谱能量大在短波段，所以它们之间形成镜像。

三、仪器介绍

如图 3.3 所示，由激发光源发出的光，经激发单色器让特征波长的激发光通过，照射到样品架中的样品使荧光物质发射出荧光，再经发射单色器对待测物质所产生的荧光进行分光或者过滤，使特征荧光照射到检测器（一般使用光电倍增管）产生光电流，经电路放大、AD 转换、数字处理等方式显示出相应的荧光值。

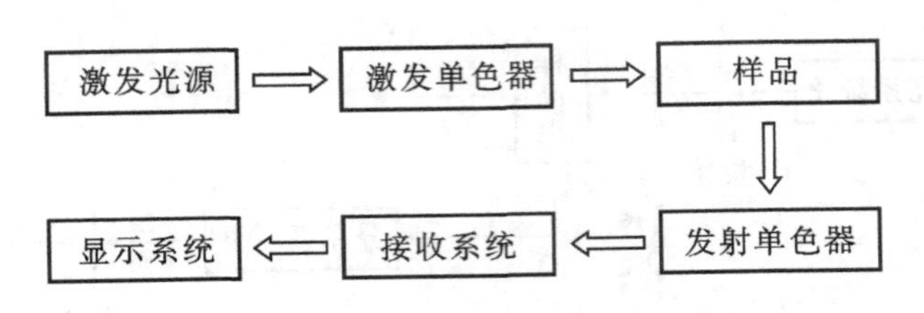

图 3.3 荧光光度计组成示意图

荧光光度计主要由以下几部分组成。

1. 激发光源

激发光源可以采用连续氙灯、脉冲氙灯、单波长的LED灯、高压汞灯、溴钨灯，特殊时也可以使用氘灯。目前市场上的中高端荧光分光光度计一般都使用氙灯，如日立的 F4500、F4600、F7000，上海棱光技术有限公司的 F96Pro、F97、F97Pro、F97XP，天津港东的 F380、F320、F280 等用的就是连续氙灯；脉冲氙灯有瓦里安的一款型号在使用；LED 灯作为激发光的主要有上海棱光技术有限公司的 F96S、F95S、F93 等荧光分光光度计。其他光源作为激发光来使用的相对较少。

2. 激发单色器

其作用是筛选出适合样品的激发光。激发单色器主要有滤光片模式和光栅模式：使用滤光片的结构相对简单，但是可选用的激发光源稍少；使用光栅模式的单色器结构比较复杂，但是相应的可选的激发光比较多。

3. 发射单色器

其作用是用来分析样品发射出来的荧光。发射单色器也有滤光片模式和光栅模式。使用滤光片模式的仪器可检测的样品单一，一般用于专用的荧光仪；使用光栅模式的仪器一般是通用仪器，可以根据不同样品发出的荧光做出相应的分光。光栅结构的仪器一般结构比较复杂，无论是激发单色器还是发射单色器，都要求有比较高的精度。

四、F7000 荧光分光光度计的使用

1. 开机

(1)开启计算机。

(2)开启仪器主机电源。按下仪器主机左侧面板下方的黑色按钮(POWER)。同时，观察主机正面面板右侧的 Xe LAMP 和 RUN 指示灯依次亮起来，且都显示绿色。

2. 计算机进入 Windows XP 视窗后，打开运行软件。

(1)双击桌面图标(FL Solution 2.1 for F7000)。主机自行初始化，扫描界面

自动进入。

(2)初始化结束后，须预热 15～20 min，按界面提示选择操作方式。

3. 测试模式的选择：波长扫描(wavelength scan)

(1)点击扫描界面右侧“Method”。

(2)在“General”选项中的“Measurement”选择“wavelength scan”测量模式。

(3)在“Instrument”选项中设置仪器参数和扫描参数。主要参数选项包括：

①选择扫描模式“Scan Mode”：Emission/Excitation/Synchronous(发射光谱、激发光谱、同步荧光)。

②选择数据模式“Data Mode”：Fluorescence/Phosphprescence/Luminescence(荧光测量、磷光测量、化学发光)。

③设定波长扫描范围。

a. 扫描荧光激发光谱(Excitation)：需设定激发光的起始/终止波长(EX Start/End WL)和荧光发射波长(EM WL)。

b. 扫描荧光发射光谱(Emission)：需设定发射光的起始/终止波长(EM Start/End WL)和荧光激发波长(EX WL)。

c. 扫描同步荧光(Synchronous)：需设定激发光的起始/终止波长(EX Start/End WL)和荧光发射波长(EM WL)。

④选择扫描速度“Scan Speed”(通常选 240 nm/min)。

⑤选择激发/发射狭缝(EX/EM Slit)。

⑥选择光电倍增管负高压“PMT Voltage”(一般选 700 V)。

⑦选择仪器响应时间“Response”(一般选 Auto)。

⑧选择“Report”设定输出数据信息、仪器采集数据的步长(通常选 0.2 nm)及输出数据的起始和终止波长(Data Start/End)。

(4)参数设置好后，点击“确定”。

4. 设置文件存储路径

(1)点击扫描界面右侧“Sample”。

(2)样品命名“Sample name”。

(3)选中“□Auto File”，打“√”。可以自动保存原始文件和 txt 格式文本文档数据。

(4)参数设置好后，点击“OK”。

5. 扫描测试

(1)打开盖子，放入待测样品后，盖上盖子。(请勿用力)

(2)点击扫描界面右侧“Measure”(或快捷键 F4)，窗口在线出现扫描谱图。

6. 数据处理

(1)选中自动弹出的数据窗口。

(2)选择“Trace”,进行读数并寻峰等操作。

(3)上传数据。

7. 关机顺序(逆开机顺序实施操作)

(1)关闭运行软件 FL Solution 2.1 for F-7000,弹出窗口。

(2)选中“○Close the lamp,then close the monitor windows?”,打“⊙”。

(3)点击“Yes”,窗口自动关闭。同时,观察主机正面面板右侧的 Xe LAMP 指示灯暗下来,而 RUN 指示灯仍显示绿色。

(4)约 10 min 后,关闭仪器主机电源,即按下仪器主机左侧面板下方的黑色按钮(POWER)。(目的是仅让风扇工作,使 Xe 灯室散热)

(5)关闭计算机。

8. 注意事项

(1)注意开机顺序。

(2)若是未先开主机,则程序会抓取不到主机信号。

(3)注意关机顺序。

(4)为延长仪器使用寿命,扫描速度、负高压、狭缝的设置一般不宜选在高档。

(5)关机后必须半小时(等氙灯温度降下)方可重新开机。

实验一　荧光光度法测定食品中维生素 B_2 的含量

一、实验目的

(1)学习荧光光度法测定某固体饮料中维生素 B_2 的分析原理。

(2)掌握 970CRT 荧光光度计的操作技术。

二、实验原理

维生素 B_2,又叫核黄素,是橘黄色、无臭的针状结晶。维生素 B_2 易溶于水而不溶于乙醚等有机溶剂。在中性或酸性溶液中稳定,光照易分解,对热稳定。维生素 B_2 水溶液在 430~440 nm 蓝光或紫外光照射下会发出绿色荧光,荧光峰在 535 nm,在 pH 6~7 的溶液中荧光强度最大,在 pH 11 的碱性溶液中荧光消失。由于维生素 B_2 在碱性溶液中经光线照射会发生光分解而转化为光黄素,后者的荧光比核黄素的荧光强得多。因此,测量维生素 B_2 的荧光时,溶液要控制在酸性范围内,且须在避光条件下进行。

三、仪器与试剂

1. 仪器

970CRT 荧光分光光度计。

2. 试剂

(1)10 μg/mL 维生素 B_2 标准溶液:准确称取 10.0 mg 维生素 B_2,用热蒸馏水溶解后,转入 1L 棕色容量瓶中,冷却后加蒸馏水至标线,摇匀,置于暗处保存。

(2)冰乙酸(AR)。

(3)多维葡萄糖粉试样。

四、实验步骤

(1)标准曲线的绘制。

于 6 只 50 mL 容量瓶中,分别加入 10 μg/mL 维生素 B_2 标准溶液 0.50、1.00、1.50、2.00、2.50、3.00 mL,再各加入冰乙酸 2.0 mL,加水至标线,摇匀。在 970CRT 荧光分光光度计上,用 1 cm 荧光比色皿于激发波长 440 nm、发射波长 540 nm 处,测量标准系列溶液的荧光强度。

(2)某固体饮料中维生素 B_2 的测定。

准确称取一定量的某固体饮料试样,用少量水溶解后转入 50 mL 容量瓶中,加冰乙酸 2 mL,摇匀。在相同的测量条件下,测量其荧光强度,平行测量三次。

五、数据处理

以相对荧光强度为纵坐标,维生素 B_2 的质量为横坐标绘制标准曲线。从标准曲线上查出待测试液中维生素 B_2 的质量,并计算出某固体饮料试样中维生素 B_2 的百分含量。

六、问题与讨论

(1)试解释荧光光度法比吸收光度法灵敏度高的原因。

(2)维生素 B_2 在 pH=6~7 时荧光强度最强,本实验为何在酸性溶液中测定?

实验二　氨基酸的荧光激发、发射及同步荧光光谱的测量

一、实验目的

学习荧光分析法的基本原理和荧光仪的操作。

二、实验原理

在一定光源强度下，若保持激发波长 λ_{ex}不变，扫描得到的荧光强度与发射波长 λ_{em}的关系曲线，称为荧光发射光谱；反之，保持 λ_{em}不变，扫描得到的荧光强度与 λ_{ex}的关系曲线，则称为荧光激发光谱。在一定条件下，荧光强度与物质浓度成正比，这是荧光分析的定量基础。荧光分析的灵敏度不仅与溶液的浓度有关，而且与紫外光照射强度及荧光分光光度计的灵敏度有关。

色氨酸(Try)、苯丙氨酸(Phe)是天然氨基酸中仅有的能发射荧光的组分，可以用荧光分析法测定。两者的激发光谱和发射光谱有互相重叠的现象。同步扫描荧光光谱技术可以简化、窄化光谱，提高选择性。

三、仪器与试剂

1. 仪器

LS-55 型荧光分光光度计。

2. 试剂

(1)移液枪(德国 BRAND 公司生产)。

(2)50 mL 容量瓶、25 mL 容量瓶各 10 支。

(3)氨基酸储备液：色氨酸 4 mg/L，苯丙氨酸 100 mg/L。

(4)pH 为 7.4 的 $KH_2PO_4-K_2HPO_4$ 缓冲溶液。

(5)去离子水。

四、实验步骤

(1)打开电脑和光谱仪主机，将仪器预热 20 min 左右。设定仪器参数：全波长预扫描参数，用储备液在 50 mL 容量瓶中配置溶液，各加入缓冲溶液 2 mL，加水

定容后，使色氨酸浓度为 0.1 mg/L，苯丙氨酸浓度为 5 mg/L；对两种溶液进行预扫描，并记录扫描结果。同时查看其拉曼波长、瑞利散射波长以及双倍频峰波长。

（2）从预扫描得到激发和发射波长的初步结果，分别对两种氨基酸溶液测量它们的荧光激发、发射和同步荧光光谱。

①发射光谱参数：扫描波长范围 250～600 nm；$\lambda_{ex}=258$ nm，扫描速度＝500 nm/min，Ex-Slit＝10 nm，Em-slit＝10 nm，扣除空白后记录信息，记住取文件名。

②激发光谱参数：扫描波长范围 200～400 nm，λ_{em}(Phe)＝287 nm，λ_{em}(Try)＝357 nm，扫描速度＝500 nm/min，Ex-Slit＝10 nm，Em-slit＝10 nm，扣除空白后记录信息。

③同步荧光光谱：扫描波长范围 200～350 nm，$\Delta\lambda(\lambda_{em}-\lambda_{ex})=60$ nm，扫描速度＝500 nm/min，Ex-Slit＝10 nm，Em-slit＝10 nm，扣除空白后记录信息。

五、数据处理

（1）用实验获得的数据绘制两种氨基酸的激发、发射、同步光谱。

（2）从激发和发射光谱中找出最大激发波长和最大发射波长值，以及它们相对应的峰高。在它们的同步荧光光谱中也确定最大波长和对应的峰高。

六、问题与讨论

（1）对待测溶液进行预扫描有何作用？

（2）观察激发波长的整数倍处荧光发射光谱有何特点？该波长是否适合进行定量分析？

（3）同步荧光技术有哪些优点？比较激发、发射和同步荧光光谱中的峰值及对应波长的不同，并解释原因。

（4）通过图 3.4 所示两种氨基酸的化学结构，是否可以不经试验判断其荧光强度的大小次序。

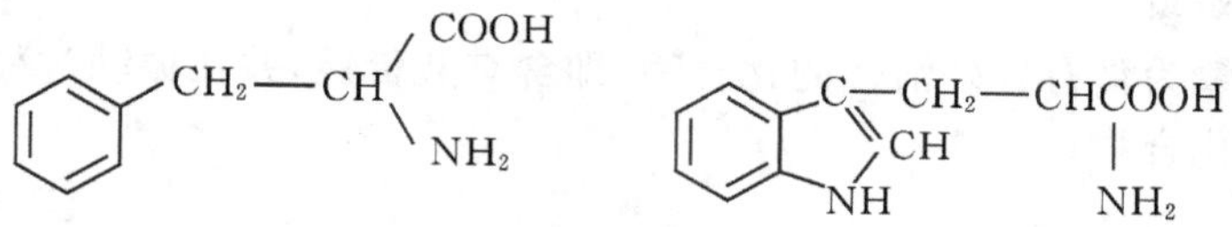

(a)苯丙氨酸　　(b)色氨酸

图 3.4　两种氨基酸的结构

（5）比较紫外分光光度法和荧光分析法的区别和各自的优缺点。

第四章 红外吸收光谱分析

第一节 基本原理

一、红外吸收与振动-转动光谱

1. 光谱的产生

分子中基团的振动和转动能级跃迁产生振动-转动光谱，称红外光谱。

2. 所需能量(红外光)

波长 λ 为 0.75～1000 μm 的光称为红外光(也叫红外线)，在红外光谱中经常用波数 $\tilde{\nu}$(有的书中用 σ)表示，$\tilde{\nu}=\frac{1}{\lambda}$，单位为 cm^{-1}，所以红外光的波数范围为 13333～10 cm^{-1}。红外光区又分为近、中、远红外光区，划分如下：

$\lambda(\mu m)$ 0.75	近红外	2.5	中红外	25	远红外	1000
$\tilde{\nu}(cm^{-1})$ 13333		4000		400		10

目前研究较多、较详细的，也是应用较多的是中红外区，该区的吸收光谱叫红外吸收光谱。

红外吸收光谱是分子吸收了红外辐射后，引起分子的振动-转动能级的跃迁而形成的光谱，因为出现在红外区，所以称之为红外光谱。利用红外光谱进行定性、定量分析的方法称之为红外吸收光谱法。

3. 研究对象

研究对象为具有红外活性的化合物，即含有共价键，并在振动过程中伴随有偶极矩变化的化合物。

4. 用途

红外吸收光谱分析主要用于结构鉴定、定量分析和化学动力学研究等。

二、红外光谱法的发展概况

红外辐射是 18 世纪末、19 世纪初才被发现的。1800 年英国物理学家赫歇尔

(Herschel)用棱镜使太阳光色散,研究各部分光的热效应,发现在红色光的外侧具有最大的热效应,说明红色光的外侧还有辐射存在,当时把它称为“红外线”或“热线”,这是红外光谱的萌芽阶段。由于当时没有精密仪器可以检测,所以一直没能得到发展。过了近一个世纪,才有了进一步研究并引起研究者的注意。

1892年朱利叶斯(Julius)用岩盐棱镜及测热辐射计(电阻温度计),测得了20多种有机化合物的红外光谱,这是一个具有开拓意义的研究工作,立即引起了人们的注意。1905年科布伦茨(Coblentz)测得了128种有机和无机化合物的红外光谱,引起了光谱界的极大轰动。这是红外光谱开拓及发展的阶段。

到了20世纪30年代,光的二象性、量子力学及科学技术的发展,为红外光谱的理论及技术的发展提供了重要的基础。不少学者对大多数化合物的红外光谱进行理论上的研究和归纳、总结,用振动理论进行一系列键长、键力、能级的计算,使红外光谱理论日臻完善和成熟。尽管当时的检测手段还比较简单,仪器仅是单光束的、手动和非商业化的,但红外光谱作为光谱学的一个重要分支已为光谱学家、物理学家、化学家所公认。这个阶段是红外光谱理论及实践逐步完善和成熟的阶段。

20世纪40年代以后,红外光谱在理论上更加完善,而其发展主要表现在仪器及实验技术上。

1947年世界上第一台双光束自动记录红外分光光度计在美国投入使用。这是第一代红外光谱的商品化仪器。

20世纪60年代,采用光栅作为单色器性能比棱镜单色器有了很大的提高,但它仍是色散型的仪器,分辨率、灵敏度还不够高,扫描速度慢。这是第二代仪器。

20世纪70年代,干涉型的傅里叶变换红外光谱仪及计算机化色散型的仪器的使用,使仪器性能得到极大地提高。这是第三代仪器。

20世纪70年代后期到80年代,用可调激光作为红外光源代替单色器,具有更高的分辨率、更高的灵敏度、更大的应用范围。这是第四代仪器。现在红外光谱仪还与其他仪器(如GC、HPLC)联用,扩大了使用范围。用计算机存储及检索光谱,使分析更为方便快捷。

计算机的发展、红外光谱仪与其他大型仪器的联用,使得红外光谱在结构分析、化学反应机理研究以及生产实践中发挥着极其重要的作用,红外光谱是“四大波谱”中应用最多、理论最为成熟的一种方法。

三、红外光谱法的特点及应用

1. 特点

(1)气态、液态和固态样品均可进行红外光谱测定。

(2)大多数化合物均有红外吸收,并显示了丰富的结构信息。

(3)样品用量少,可减少到微克级。

(4)针对特殊样品的测试要求,发展了多种测量新技术,如光声光谱(PAS)、衰减反射光谱(ATR)、漫反射、红外显微镜等。

2.应用

红外光谱的应用主要有以下几种。

(1)有机化合物结构解析:

①定性:通过测定基团的特征吸收频率来实现。

②定量:通过测定特征峰的强度来实现。

(2)化学动力学研究等。

四、波数

光的波数为 $\tilde{\nu}=1/\lambda$,单位为 cm^{-1}。

红外光谱图:纵坐标为透光率 $T\%$;横坐标为波长 $\lambda(\mu m)$和波数 $\tilde{\nu}(cm^{-1})$。仲丁醇的红外光谱图如图 4.1 所示。

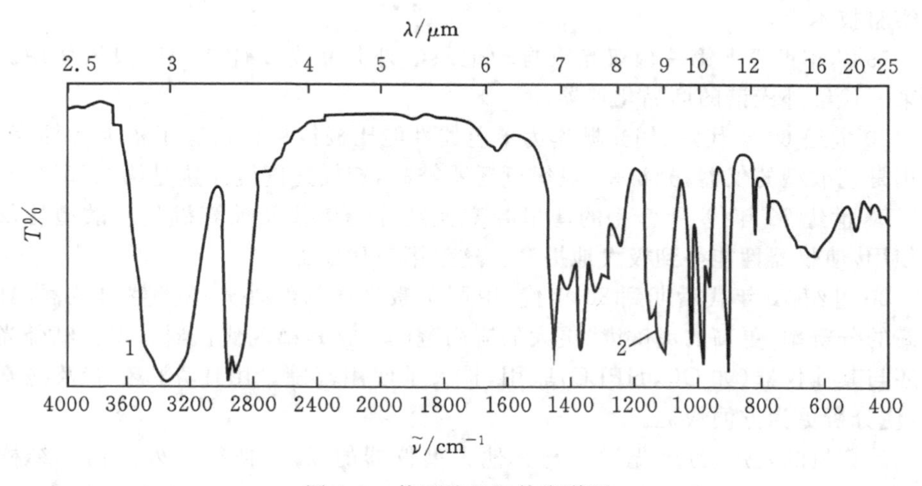

图 4.1　仲丁醇的红外光谱图

五、红外吸收光谱的产生条件

1.偶极距

正、负电荷中心间的距离 r 和电荷中心所带电量 q 的乘积,叫作偶极矩($\mu=r\times q$)。

它是一个矢量,方向规定为从负电荷中心指向正电荷中心。偶极矩的单位是 D(德拜)。根据讨论的对象不同,偶极矩可以指键偶极矩,也可以是分子偶极矩。分子偶极矩可由键偶极矩经矢量加法后得到。实验测得的偶极矩可以用来判断分子的空间构型。例如,同属于 AB_2 型分子,CO_2 的 $\mu=0$,可以判断它是直线型的;H_2S 的 $\mu\neq0$,可判断它是折线型的。可以用偶极矩表示极性的大小,键偶极矩越大,表示键的极性越大;分子的偶极矩越大,表示分子的极性越大。

2. 红外光谱产生的条件

物质的分子要能吸收红外光必须满足如下两个条件。

其一,分子的振动必须能与红外辐射产生耦合作用,为满足这个条件,分子振动时必须伴随瞬时偶极矩的变化。因为只有分子振动时偶极矩作周期性变化,才能产生交变的偶极场,并与其频率相匹配的红外辐射交变电磁场发生耦合作用,分子吸收了红外辐射的能量,从低的振动能级跃迁至高的振动能级,此时振动频率不变,而振幅变大,这样的分子称为具有红外活性,因此说具有红外活性的分子才能吸收红外辐射。

完全对称分子,没有偶极矩变化,辐射不能引起共振,无红外活性,如 N_2、O_2、Cl_2 等;非对称分子有偶极矩变化,属红外活性,如 HCl。偶极子在交变电场中的作用可用图 4.2 表示。

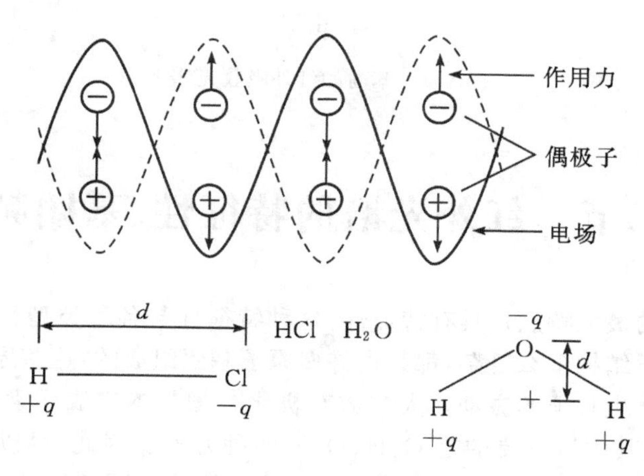

图 4.2 偶极子在交变电场中的作用示意图

注意:只要分子振动时会发生偶极矩的变化就表明分子具有红外活性,就能吸收红外辐射,而与分子是否具有永久偶极矩无关。因此,只有那些同核双原子分子(如 N_2、H_2、O_2 等)才能显示非红外活性。

其二,只有当照射分子的红外辐射光子的能量与分子振动能级跃迁所需的能量相等，实际上也就是红外辐射的频率与分子某一振动方式的频率相同，这样才能实现振动与辐射的耦合，从而使分子吸收红外辐射能量产生振动能级的跃迁。即

$$\Delta E_V = E_{V_2} - E_{V_1} = h\nu$$

式中：E_{V_2}、E_{V_1} 分别为高振动能级和低振动能级的能量；ΔE_V 为其能量差；ν 为红外辐射的频率；h 为普朗克(PLANCK)常数。

如果用连续改变频率(波数)的红外光照射某样品，由于样品分子选择吸收了某些波数范围内的红外光，使它们通过样品后减弱，其他波数范围的红外光仍然较强，则由仪器可记录样品的红外吸收光谱，如图 4.3 所示。

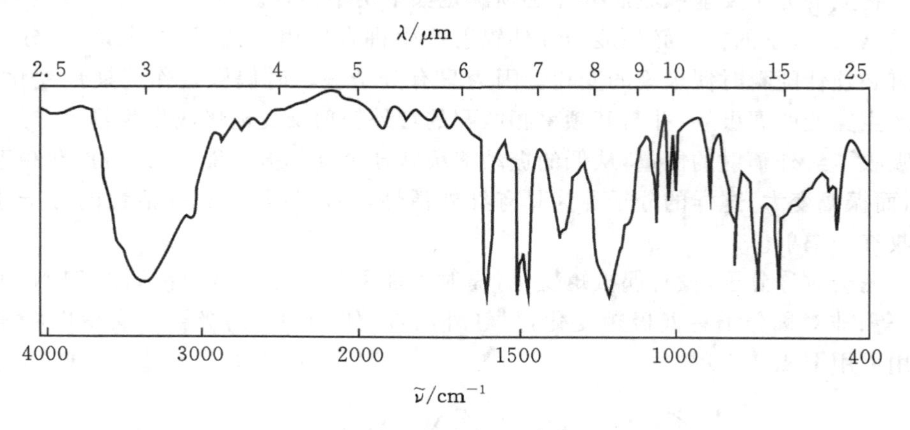

图 4.3　苯酚的红外吸收光谱

第二节　红外光谱的特征性、基团频率

红外光谱的最大特点是具有特征性，这种特征性与各种类型化学键的特征相联系。不管分子结构多么复杂，都是由许多原子基团组成的，这些原子基团在分子受激发后都会产生特征的振动。大多数有机化合物基本构成元素是 C、H、O、N、S、P、卤素等，而其中最主要的是 C、H、O、N 四种元素。因此，可以说大部分有机化合物的红外吸收光谱基本上是由这四种元素所形成的原子基团或化学键的振动所贡献的。利用上述的振动方程式只能近似地计算出一些比较简单的分子中化学键的伸缩振动频率。而对于大多数化合物的红外光谱与其结构的关系，实际上还是通过对大量标准物质的测试，从实践中总结出一定的官能团总对应有一定的特征吸收。也就是说，大量的实践发现，相同的基团或化学键，尽管它们处于不同的分子中，但均有近似相同的振动频率，都会在一个范围不大的频率区域内出现吸收

峰。这种振动频率称为基团频率，光谱所处的位置称为特征吸收峰。每个基团或化学键在其特定的红外吸收区域范围内，分子的其他部分对其吸收位置的影响是很小的。因此可以从红外光谱的实际来判断各个基团或化学键的存在，从而确定分子的结构。如酚、醇在 3700～3200 cm^{-1}处的吸收峰，就是属于其中 O—H 伸缩振动的特征吸收峰；—CH_3 在 3000～2800 cm^{-1}处的吸收峰，是属于 C—H 伸缩振动的特征吸收峰；C≡N 的特征吸收峰为 2250 cm^{-1}，等等。

一、官能团区

官能团区(或称基团频率区)波数范围为 4000～1300 cm^{-1}，它们又可以分为四个波段。

1. 4000～2500 cm^{-1}

该波段为含氢基团 x—H(x 为 O、N、C 之一)的伸缩振动区，因为折合质量小，所以波数高，主要有五种基团吸收。

2. 2500～2000 cm^{-1}

该波段为叁键和累积双键伸缩振动吸收峰，主要包括—C≡C、—C≡N 叁键的伸缩振动及 >C=C=C< 、 >C=C=O 等累积双键的非对称伸缩振动，呈现中等强度的吸收。在此波段区中，还有 S—H、Si—H、P—H、B—H 的伸缩振动。

3. 2000～1500 cm^{-1}

该波段是双键的伸缩振动吸收区，这个波段也是比较重要的区域，主要包括以下几种吸收峰带。

(1) C═O 伸缩振动，出现在 1960～1650 cm^{-1}，是红外光谱中具有显著特征的且往往是最强的吸收峰，以此很容易判断酮类、醛类、酸类、酯类、酸酐及酰胺、酰卤等含有 C═O 的有机化合物。

(2) C═N、C═C、N═O 的伸缩振动，出现在 1675～1500 cm^{-1}。在此波段区中，单核芳烃的 C═C 骨架振动(呼吸)呈现 2～4 个峰(中等至弱的吸收)的特征吸收峰，通常分为两组，分别出现在 1600 cm^{-1}和 1500 cm^{-1}左右，在确定芳核的存在时具有重要意义。

(3)苯的衍生物在 2000～1670 cm^{-1}波段出现 C—H 面外弯曲振动的倍频或组合数。由于吸收强度太弱，应用价值不如指纹区中的面外变形振动吸收峰，如图 4.4 所示。如在分析中有必要，可加大样品浓度以提高其强度。

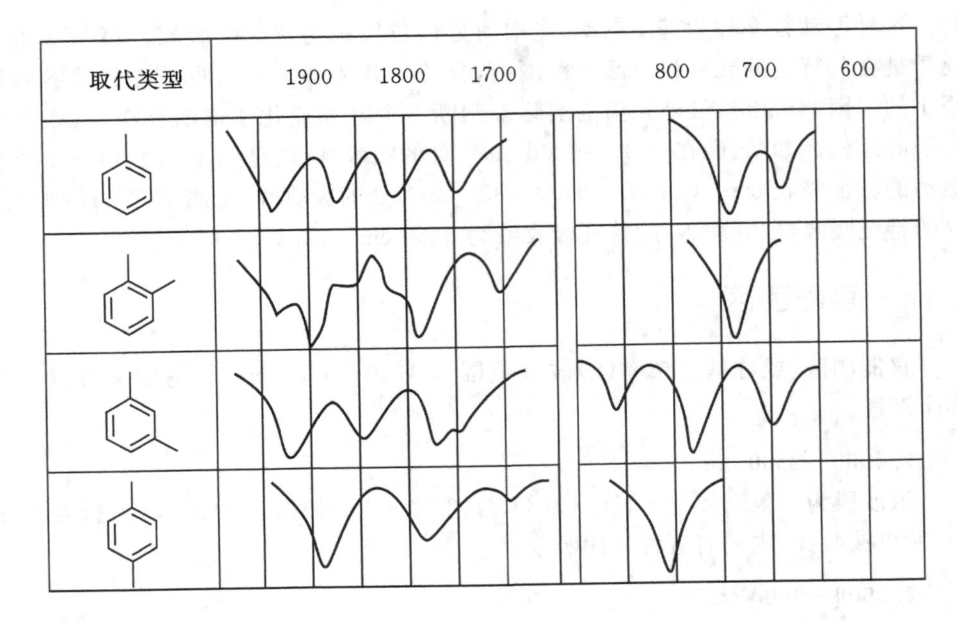

图 4.4 苯环取代类型在 2000～1667 cm^{-1} 和 900～600 cm^{-1} 处的谱形

4. 1500～1300 cm^{-1}

该波段为饱和 C—H 变形振动吸收峰，—CH_3 出现在 1380 cm^{-1} 及 1450 cm^{-1} 两个峰，$>CH_2$ 出现在 1470 cm^{-1}，$-\!\!\!>CH$ 出现在 1340 cm^{-1}。这些吸收带强度均为中度至弱。

二、指纹区

波数范围为 1300～600 cm^{-1}。指纹区可以分为以下两个波段。

1. 1300～900 cm^{-1}

这个波段区的光谱信息很丰富，较为主要的有如下几种。

(1)几乎所有不含 H 的单键的伸缩振动，如 C—O、C—N、C—S、C—F、C—P、Si—O、P—O 等，其中 C—O 的伸缩振动在 1300～1000 cm^{-1}，是该区吸收最强的峰，较易识别。

(2)部分含 H 基团的弯曲振动，如 RCH═CH_2，端烯基 C—H 弯曲振动为 990 cm^{-1}、910 cm^{-1} 的两个吸收峰；RCH═CHR 反式结构的 C—H 吸收峰为 970 cm^{-1}(顺式为 690 cm^{-1})等。

(3)某些较重原子的双键伸缩振动，如C═S、S═O、P═O等。此外，某些分子的整体骨架振动也在此区产生吸收。

2. 900～600 cm^{-1}

这波段中较为有价值的两种特征吸收如下。

(1)长碳链饱和烃，$(CH_4)_n$，$n\geqslant 4$时，在722 cm^{-1}处有一中至强的吸收峰，n减小时，$\tilde{\nu}$变大。

(2)苯环上C—H面外变形振动吸收峰的变化，可以判断取代情况，此区域的吸收峰比泛频带2000～1670 cm^{-1}灵敏，因此更具使用价值。其吸收峰位置为：

①无取代的苯：6个C—H，670～680 cm^{-1}，单吸收带；

②单取代苯：5个C—H，690～700 cm^{-1}、740～750 cm^{-1}，两个吸收带；

③邻位双取代苯：4个C—H，740～750 cm^{-1}，单吸收带；

④间位双取代苯：3个C—H，690～700 cm^{-1}、780～800 cm^{-1}，两个吸收带；另一个C—H，约为860 cm^{-1}，弱带，供参考；

⑤对位双取代苯：2个C—H，800～850 cm^{-1}，单吸收带。

这些吸收带的强度为中等。(有时强)

官能团区和指纹区的存在是容易理解的。由于含H基团的折合质量较小，含双键或含叁键基团的键力常数大，它们的振动受其分子剩余部分的影响小，$\tilde{\nu}$较高，易于与分子其他部分的振动相区别。在这个高$\tilde{\nu}$区的每一吸收都和某一含H基团或含双键、叁键基团所对应，形成了“官能团区”；另一方面，分子中不含H的单键的伸缩振动及各种键的弯曲振动，由于折合质量大或键力常数较小，所以$\tilde{\nu}$处于相对低的范围，它们的$\tilde{\nu}$相差较小，各吸收频率的数目较多，而且各个基团间的相互连接易产生振动间的耦合作用，同时还存在着分子的骨架运动，所以产生大量的吸收峰，且结构上的细微变化都会导致光谱的变化，这就形成了化合物的指纹吸收。

第三节　影响基团频率位移的因素

影响基团频率的因素，可分为外部和内部两个部分。

一、外部因素

外部因素主要有测量物质的物理状态及溶剂的影响。

1. 测量物质的物理状态

同一物质在不同状态时，由于分子间相互作用力不同，测得的光谱也往往不同。

（1）气态：分子密度小，分子间的作用力较小，可以发生自由转动，振动光谱上叠加的转动光谱会出现精细构造。光谱谱带的波数相对较高，谱带矮而宽。

（2）液态：分子密度较大，分子间的作用较大，分子转动受到阻力，因此转动光谱的精细结构消失，谱带变窄，更为对称，波数较低。有时还会发生缔合，使光谱变化较大。

（3）固态：分子间的相互作用较为猛烈，光谱变得复杂，有时还会发生能级的分裂，产生新的谱带。

2. 溶剂效应

溶剂的极性、溶质的浓度对光谱均有影响，尤其是溶剂的极性。在极性溶剂中，极性基团的伸缩振动由于受极性溶剂分子的作用，使键力常数减小，波数降低，而吸收强度增大；对于变形振动，由于基团受到束缚作用，变形所需能量增大，所以波数升高。当溶剂分子与溶质形成氢键时，光谱所受的影响更显著。

此外，测量时的温度也会影响红外吸收峰的形状和数目。

二、内部因素

内部因素指的是分子中基团间的相互作用对红外吸收的影响。主要有电子效应、氢键的形成、振动的耦合效应、空间效应、费米共振等五个因素。

1. 电子效应

基本振动的 $\tilde{\nu}$ 与键力常数 k 有关，k 取决于基团或化学键中电子云的分布，而电子云的分布与构成基团或化学键的原子相互作用密切相关。这些作用有诱导效应、共轭效应及中介效应等。

（1）诱导效应（I 效应）：由于分子中的取代基具有不同的电负性，通过其静电诱导作用，引起电子云的分布的变化，从而改变了 k，使 $\tilde{\nu}$ 发生位移。

（2）共轭效应（C 效应）：共轭形成了大 π 键，π 电子的离域性增大，体系中电子云分布平均化，结果使双键的键长略有增加（电子云密度降低），k 减小，吸收峰往低波数方向移动。

（3）中介效应（M 效应）：中介效应也称共振效应。当含有孤对电子的原子（如 N、O、S 等）与具有多重键的原子相连接时，也可起类似的共轭作用（有时也称为 n－π共轭），称为中介效应。典型的中介效应是酰胺中氮原子对 C═O 吸收的影响作用。按照诱导效应分析，引入—NH_2，应使 $\tilde{\nu}_{C=O}$ 变大，但实际上是使 $\tilde{\nu}_{C=O}$ 减少。这是因为引入 N 原子后，N 原子上的孤对电子与 C═O 上的 π 电子轨道发生重叠（n－π 共轭），电子云往电负性更大的 O 原子方向移动，使 C═O 的极性更大，双键性减弱，键长变大，k 降低，所以 $\tilde{\nu}$ 变小（1680 cm^{-1} 左右）。

应该注意的是分子中引入具有 n 电子的电负性原子或基团同时存在着诱导效应和中介效应，两者影响振动频率移动的方向相反，则振动频率最终移动的方向和程度取决于两种效应的净结果。当 I 效应＞M 效应时，振动向高波数移动，如酰卤、酯类的C═O。当 M 效应＞I 效应时，振动向低波数方向移动，如酰胺中的C═O。

2. 形成氢键的影响

氢键是由质子给予体 x—H 及质子接受体 y—C 之间的作用力而形成的，即 x—H…y—C，导致质子给予体及接受体化学键的键力常数 k 发生变化，因此振动频率也发生变化。

对于伸缩振动来说：由于氢键力的作用，使参与形成氢键的原化学键（即 x—H 及 y—C）的 k 值都减小，所以 $\tilde{\nu}$ 也都降低，而强度变大，峰变宽。

对于变形振动，由于受到氢键力的束缚作用，弯曲振动所需的能量变大，所以波数 $\tilde{\nu}$ 也升高。

氢键可分为分子内的氢键及分子间的氢键（经常是溶质的缔合或溶质与溶剂分子形成的氢键）两种。分子间氢键对吸收峰的影响比分子内氢键更显著。分子内的氢键不受溶液浓度的影响，分子间的氢键与溶质的浓度及溶剂的性质有关。因此，可以采用改变溶液的浓度测量红外光谱，以判别两个不同的氢键。

图 4.5 表示以 CCl_4 为溶剂，不同浓度乙醇的红外光谱。当乙醇浓度小于 0.01 mol/L时，分子间不形成氢键，只显示出游离的 O—H 的吸收（3640 cm^{-1}）；但随着溶液中乙醇浓度的增加，游离 O—H 的吸收减弱，而二聚体的吸收

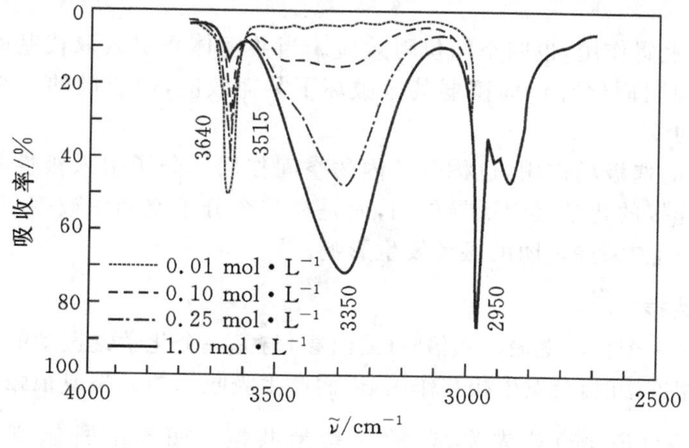

图 4.5　乙醇在不同浓度 CCl_4 溶液中的红外光谱片断

(3515 cm^{-1})和多聚体的吸收(3350 cm^{-1})相继出现,并显著增加;当乙醇浓度为1.0 mol/L时,主要以多聚体的形式存在。

3. **振动的耦合效应**

分子中基团或化学键的振动不是孤立的,而是相互影响的。如果一个分子中有两个基团或化学键的振动频率相等或相近,且与一个公共原子相连接,它们之间就会发生相互作用,一个化学键的振动通过其公共原子使另一化学键的键长发生变化,产生一种"微扰",从而形成了强烈振动的耦合作用。其结果使原来的振动频率分裂为两个混合的振动频率,一个为对称的混合振动,频率移向低频;另一个为反对称的混合振动,频率移向高频。

典型的振动耦合是酸酐,两个等同的C═O通过公共原子O发生振动耦合,使$\tilde{\nu}_{C=O}$吸收峰分裂为两个峰,波数分别约为1760 cm^{-1}(对称)和1820 cm^{-1}(反对称)。

4. **空间效应**

空间效应是一些空间因素引起的对基团振动频率的影响,如化合物成环、基团引入对分子空间的影响等。主要有环张力效应、空间阻碍作用及分子偶极场作用等。

(1)环张力效应,也称键角效应。分子形成环时,由于环节数不同,引起环张力不同,因此,同一种化学键的键力常数不同,振动频率就不同。不同环的环张力大小次序为:三节环>四节环>五节环>六节环,环内键的吸收波数的大小关系为:$\tilde{\nu}_3<\tilde{\nu}_4<\tilde{\nu}_5<\tilde{\nu}_6$(数字表示环节数)。而环外突出键的吸收波数的大小关系为:$\tilde{\nu}_3>\tilde{\nu}_4>\tilde{\nu}_5>\tilde{\nu}_6$。

(2)空间阻碍作用,也叫空间位阻效应。当共轭体系引入取代基时,可能会因取代基的空间阻碍(位阻)而削弱甚至破坏了共轭效应,使双键的$\tilde{\nu}$变大,甚至接近于非共轭的$\tilde{\nu}$。

(3)分子的偶极场作用,也称分子内的空间作用。分子引入极性基团时,不是直接通过所连接的化学键起诱导作用,而是在整个分子空间中改变了分子的偶极场,从而对分子中某些基团的振动发生影响。

5. **费米共振**

当分子中一个化学键振动的倍频(或组频)与另一个化学键振动的基频接近,且两个化学键相连接时,会发生相互作用,进而产生吸收峰的分裂或很强的吸收峰,这个现象为费米(Fermi)首先发现,故称费米共振。如苯甲酰氯 C_6H_5—COCl,C_6H_5—C═O 中与C═O相连的C—C变形振动($\tilde{\nu}_{C-C}$约为870 cm^{-1})的倍频与

C═O伸缩振动的基频($\tilde{\nu}_{C=O}$ 约为 1774 cm^{-1})发生费米共振,因而导致C═O吸收峰分裂为两个峰,出现在1773 cm^{-1}及1736 cm^{-1}。

第四节　红外光谱定性分析

一、红外光谱一般解析步骤

(1)检查光谱图是否符合要求。

(2)了解样品来源、样品的理化性质、其他分析的数据、样品重结晶溶剂及纯度。

(3)排除可能的"假谱带"。

(4)若可以根据其他分析数据写出分子式,则应先算出分子的不饱和度 U,$U=(2+2n_4+n_3-n_1)/2$。式中,n_4、n_3、n_1 分别为分子中四价、三价、一价元素数目。

(5)确定分子所含基团及化学键的类型(官能团区为 4000~1330 cm^{-1}、指纹区为 1330~650 cm^{-1})。

(6)结合其他分析数据,确定化合物的结构单元,推出可能的结构式。

(7)已知化合物分子结构的验证。

(8)标准图谱对照。

(9)计算机谱图库检索。

二、定性分析

定性分析大致可分为官能团定性和结构定性两个方面。定性分析的一般过程如下。

(1)试样的分离和精制。

(2)了解与试样性质有关的其他方面的材料。

(3)谱图的解析。

(4)和标准谱图进行对照。

(5)通过计算机红外光谱谱库进行检索。

(6)确定分子的结构。

第五节 红外光谱定量分析

一、红外光谱定量分析的理论依据及局限性

1. 理论依据

红外光谱定量分析的理论依据与紫外-可见分光光度法相同，是依据光吸收定律（朗伯-比尔定律），即 $A=\varepsilon bC$ 或 $A=abC$。

2. 应用上的局限性

由于红外光谱法在定量分析时光谱复杂，谱带很多，测量谱峰容易受到其他峰的干扰，容易导致吸收定律的偏差；红外辐射能量很小，强度很弱，摩尔吸光系数 ε 很小，灵敏度很低，只能作常量的分析；测量光程很短，吸收厚度（b）难以测准，样品池受到的影响因素多，参比不够准确。因此准确度较差；必须绘出红外吸收曲线，才能测量透射率（$T\%$）或吸收度（A）。所以在应用意义上不如紫外-可见分光光度法。

二、吸收度的测量

由红外光谱中的测量峰测出入射光强度 I_0 及透射光强度 I_t，求出吸收度 A

$$A=-\lg T=-\lg \frac{I_t}{I_0}=\lg \frac{I_0}{I_t}$$

测量 I_0、I_t 的方法有一点法和基线法两种。

三、定量分析方法

定量分析方法有标准曲线法、混合组分联立方程求解法、吸收强度比法及补偿法等。前两法与紫外-可见分光光度法相同，不再赘述。

四、其他方面的应用

（1）催化方面的研究——催化剂的表面结构及化学吸附、催化机理、催化反应中间络合物的观察等的研究。

（2）高聚物方面的研究——高聚物的聚合度及立体构型，解剖高聚物中的助聚剂、添加剂等的研究。

(3)配合物方面的研究——配合物中配位体与中心离子之间的相互作用,配位键的性质等的研究。

(4)光谱电化学方面的研究——利用红外反射光谱,对电极表面的吸附作用或催化作用进行分子水平上的研究。

第六节　红外光谱仪

色散型的红外光谱仪采用双光束,最常见的是以“光学零位平衡”原理设计的。

光源发出的辐射被分为等强度的两束光,一束通过样品池,一束通过参比池。通过参比池的光束经衰减器(亦称光楔或光梳)与通过样品池的光束会合于斩光器(亦称切光器)处,使两光束交替进入单色器(现一般用光栅)色散之后,同样交替投射到检测器上进行检测。单色器的转动与光谱仪记录装置谱图图纸横坐标方向相关联。横坐标的位置表明了单色器的某一波长(波数)的位置。若样品对某一波数的红外光有吸收,则两光束的强度便不平衡,参比光路的强度比较大。因此检测器产生一个交变的信号,该信号经放大、整流后负反馈于连接衰减器的同步马达,该马达使光楔更多地遮挡参比光束,使之强度减弱,直至两光束又恢复强度相等。此时交变信号为零,不再有反馈信号,此即“光学零位平衡”原理。移动光楔的马达同步地联动记录装置的记录笔,沿谱图图纸的纵坐标方向移动,因此纵坐标表示样品的吸收程度。单色器转动的全过程就得到一张完整的红外光谱图。

红外光谱仪的基本组成部件如下。

一、光源

红外光谱仪中所用的光源通常是一种惰性固体,用电加热使之发射高强度的红外辐射。常用的是硅碳棒和能斯特(Nernst)灯。

1. 硅碳棒

由碳化硅烧结而成的,两端粗(约 $\phi 7\times 27$ mm),中间较细(约 $\phi 5\times 50$ mm),在低电压、大电流(约 4～5 A)下工作。耗电功率约 200～400 W,工作温度为 1200～1500 ℃。其优点是发光面积大,波长范围宽(波数可低至 200 cm^{-1}),坚固、耐用,使用方便及价格较低。其缺点是电极触头发热需水冷,工作时间长时电阻增大。

2. 能斯特灯

能斯特灯由稀土氧化物烧结而成的空心棒或实心棒,主要成分为 ZrO(75%)、

Y_2O_3、ThO_2，掺入少量 Na_2O、CaO 或 MgO。直径约 1～2 mm，长度约 25～30 mm，两端绕有 Pt 丝作为导线。功率约 50～200 W，工作温度为 1300～1700 ℃。其优点是发光强度大，稳定性好，寿命长，不需水冷。其缺点是机械性能较差，易脆，操作较不方便，价格较贵。

二、吸收池

红外吸收池要用对红外光透过性好的碱金属、碱土金属的卤化物，如 NaCl、KBr、CsBr、CaF_2 等或 KRS-5（TII 58％、TIBr 42％）等材料做窗片。窗片必须注意防湿及损伤。固体试样常与纯 KBr 混匀压片，然后直接测量。

三、单色器

单色器由几个色散元件、入射和出射狭缝、聚焦和反射用的反射镜（不用透镜，以防色差）组成。

色散元件由棱镜和光栅组成。

棱镜主要用于早期仪器中，棱镜由对红外光透射率好的碱金属或碱土金属的卤化物单晶做成，不同材料做成棱镜有不同的使用波长范围，应注意选择。对于红外光，要获得较高分辨率时可选用 LiF（2～15 μm）、CaF_2（5～9 μm）、NaF（9～15 μm）、KBr（15～25 μm）等，棱镜易受损和水腐蚀，要特别注意干燥。

光栅单色器常用几块不同闪耀波长的闪耀光栅组合，可以自动更换，使测定的波数范围更为扩展且能得到更高的分辨率。闪耀光栅存在次级光栅的干扰，因此需与滤光片或棱镜结合起来使用。

单色器系统中的狭缝可以控制单色光的纯度和强度。狭缝愈窄，纯度愈高，分辨率也愈高，但是由于红外光强度很弱，能量低，且整个波数范围内强度不是恒定的，所以在波数扫描过程中，狭缝要随光源的发射特性曲线自动调节宽度，既要使到达检测器的光强近似不变，又要达到尽可能高的分辨能力。

四、检测器

1. 对红外检测器的要求

由于是利用热电效应进行检测，所以要求检测器的热容量要小，检测元件吸收不同能量红外光所产生的信号变化要大，这样灵敏度才会高；光束要集中，接收热能的“靶”体积要小，要薄；要减少热能的损失及环境热源的干扰，所以要置于真空中；响应速度要快，响应波长范围要宽。

2. 红外检测器的种类

(1)真空热电偶。真空热电偶是利用不同导体构成回路时的温差电现象,将温差转变为电热差。以一片涂黑的金箔作为红外辐射的接受面,在其一面上焊两种热电势差别大的不同金属、合金或半导体,作为热点偶的热接端,而在冷接端(通常为室温)连接金属导线,密封于高真空(约 7×10^{-7} Pa)腔体内。在腔体上对着涂黑金属接受面的方向上开一小窗,窗口放红外透光材料盐片。热电偶检测器结构示意图如图 4.6 所示。

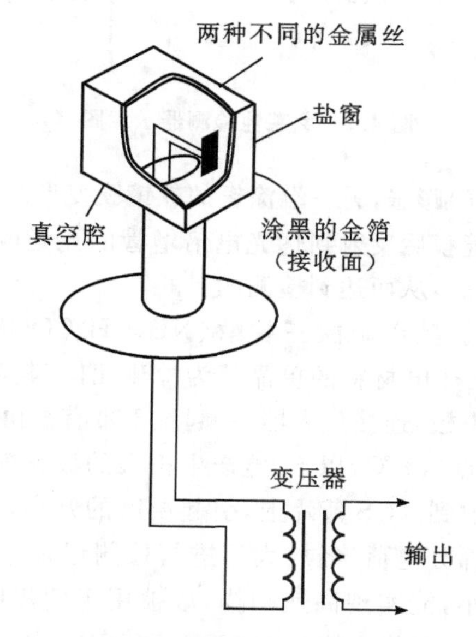

图 4.6 热电偶检测器结构示意图

当红外辐射通过盐窗照射到金箔片上时,热接端的温度升高,产生温差电势差,回路中就有电流通过,而且电流大小与红外辐射的强度成正比。

(2)测热辐射计。把温度电阻系数较大的涂黑金属或半导体薄片作为惠斯通电桥的一臂。当涂黑金属片接受红外辐射时,温度升高,电阻发生变化,电桥失去平衡,桥路上就有信号输出,以此实现对红外辐射强度的检测。由于红外辐射能量很低,信号很弱,所以施加给电桥的电压需要非常稳定,这成为其最大的缺点,因此,现在的仪器已很少使用这种检测器。

(3)戈莱池(Golay Cell)。它是一个高灵敏的气胀式检测器,其结构示意图如图 4.7 所示。

红外辐射通过盐窗照射到气室一端的涂黑金属薄膜上,使气室温度升高,气室

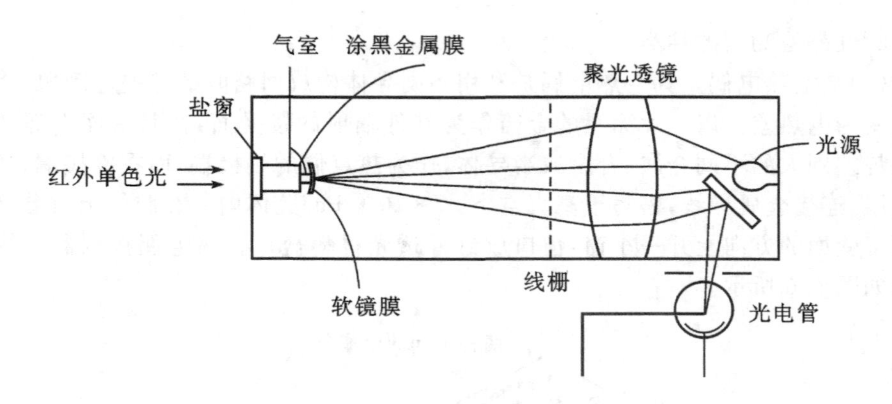

图 4.7　戈莱池检测器示意图

中的惰性气体(氙或氩气)膨胀,另一端涂银的软镜膜变形凸出,导致检测器光源经过透镜、线栅照射到软镜膜后反射到达光电倍增管的光量改变。光电管产生的信号与红外照射的强度有关,从而达到检测的目的。

(4)热释电检测器。其以硫酸三甘酞$(NH_2CH_2COOH)_3H_2SO_4$(Triglycine Sulfate,简称 TGS)这类热电材料的单晶片为检测元件,其薄片(10～20 μm)的正面镀铬,反面镀金成两电极,连接放大器,一起置于带有盐窗的高真空玻璃容器内。TGS 是铁氧体,在居里点(49 ℃)以下,能产生很大的极化效应,温度升高时,极化度降低,当红外辐射照射到 TGS 薄片上,引起温度的升高,极化度降低,表面电荷减少,相当于“释放”出部分电荷,经放大后进行检测记录。TGS 检测器的特点是响应速度快,噪声影响小,能实现高速扫描,故被用于傅里叶变换红外光谱仪中。目前使用最广泛的材料是氘化了的 TGS(简称 DTGS),其居里点温度为 62 ℃,热电系数小于 TGS。

(5)碲镉汞检测器(MCT 检测器)。跟上面的热电检测器不同,MCT 检测器是光电检测器。它是由宽频带的半导体碲化镉和半金属化合物碲化汞混合做成的,改变其中各成分的比例,可以获得测量不同波段的灵敏度各异的各种 MCT 检测器。MCT 元件受红外辐射照射后,导电性能发生变化,从而产生检测信号。这种检测器灵敏度高于 TGS 约 10 倍,响应速度快,适于快速扫描测量和气相色谱-傅里叶变换红外光谱联机检测。MCT 检测器需在液氮温度下工作。

五、记录系统

红外光谱都由记录仪自动记录谱图。现代仪器都配有计算机,以控制仪器操作、优化谱图中的各种参数、进行谱图的检索等。

第七节　傅里叶变换红外光谱仪

傅里叶变换红外光谱仪(简称 FTIR 光谱仪)没有色散元件,主要部件有光源(硅碳棒、高压汞灯等)、米克尔森(Mickelson)干涉仪、样品池、检测器(常用 TGS、MCT 检测器)、计算机及记录仪等。其示意图如图 4.8 所示。

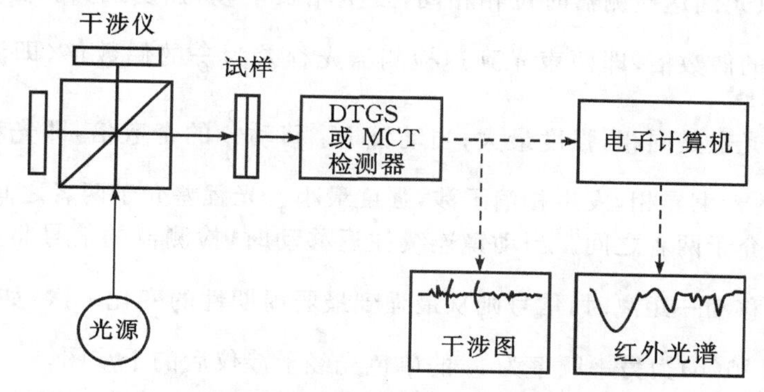

图 4.8　傅里叶变换红外光谱仪工作原理示意图

其核心部分是干涉仪和计算机。干涉仪将光源来的信号以干涉图的形式送往计算机进行快速的傅里叶变换的数学处理,最后将干涉图还原为通常解析的光谱图。图 4.9 是干涉仪的示意图。

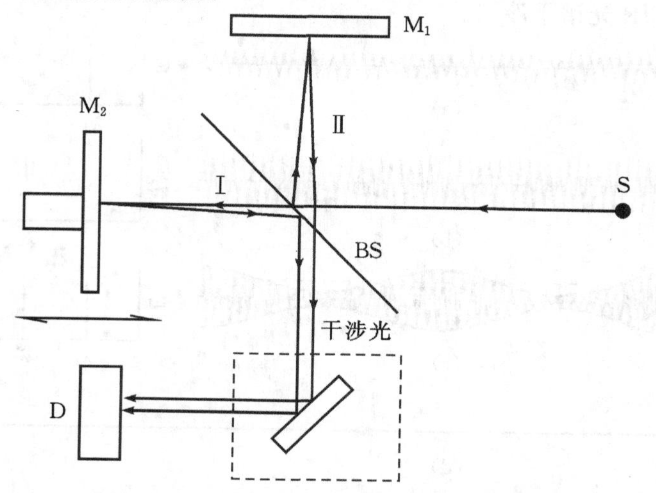

M_1—固定镜;M_2—动镜;S—光源;D—检测器;BS—光束分裂器

图 4.9　米克尔森干涉仪光学示意及工作原理图

M_1、M_2 为两块互相垂直的平面反射镜，M_1 固定不动，称为定镜，M_2 可以沿图示的方向作往返微小移动，称为动镜。在 M_1、M_2 之间放置一呈 45°角的半透膜光束分裂器 BS，它能把光源 S 投来的光分为强度相等的两光束Ⅰ和Ⅱ。光束Ⅰ和光束Ⅱ分别投射到动镜和定镜，然后又反射回来在检测器 D 汇合。因此检测器上检测到的是两光束的相干光信号(图中每光束都应是一束光线，为了说明才绘成分开的往返光线)。

当一频率为 ν_1 的单色光进入干涉仪时，若 M_2 处于零位，M_1 和 M_2 到 BS 的距离相等，两束光到达检测器时位相相同，发生相长干涉，强度最大。当动镜 M_2 移动入射光 $\frac{\lambda}{4}$ 的偶数倍，即两束光到达检测器光程差为 $\frac{\lambda}{2}$ 的偶数倍(即波长的整数倍)时，两束光也是同相，强度最大；当动镜 M_2 移动 $\frac{\lambda}{4}$ 的奇数倍，即光程差为 $\frac{\lambda}{2}$ 的奇数倍时，两光束异相，发生相消干涉，强度最小。光程差介于两者之间时，相干光强度也对应介于两者之间。当动镜连续往返移动时，检测器的信号将呈现余弦变化。动镜每移动 $\frac{\lambda}{4}$ 距离时，信号则从最强到最弱周期性的变化一次，如图 4.10(a)所示。图 4.10(b)为另一频率为 ν_2 的单色光经干涉仪后的干涉图。

如果两种频率 ν_1、ν_2 的光一起进入干涉仪，则得到两种单色光干涉图的加合图，如图 4.10(c)所示。

当入射光是连续频率的多色光时，得到的是中心极大而向两侧迅速衰减的对称干涉图，如图 4.10(d)所示。这种干涉图是所有各种单色光干涉图的总加合图。图 4.10 是 FTIR 光谱干涉图。

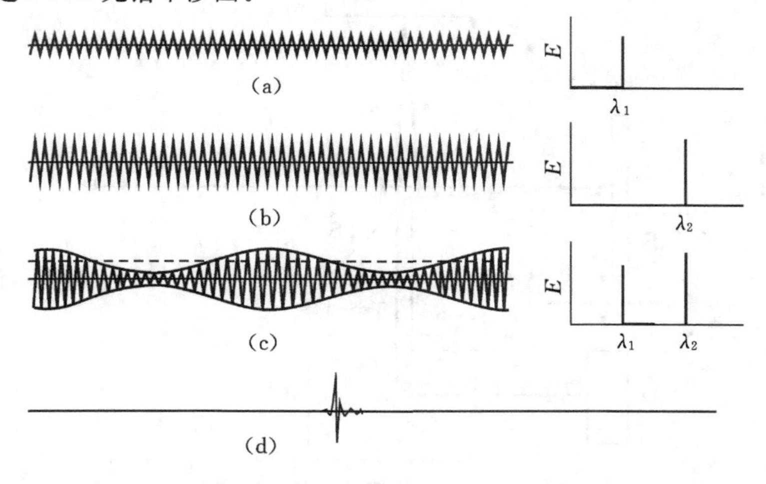

图 4.10　FTIR 光谱干涉图

当多色光通过试样时，由于试样选择吸收了某些波长的光，则干涉图发生了变化，变得极为复杂，如图 4.11(a)所示。这种复杂的干涉图是难以解释的，需要经过计算机进行快速的傅里叶变换，才可得到一般所熟悉的透射比随波数变化的普通红外光谱图，如图 4.11(b)所示。

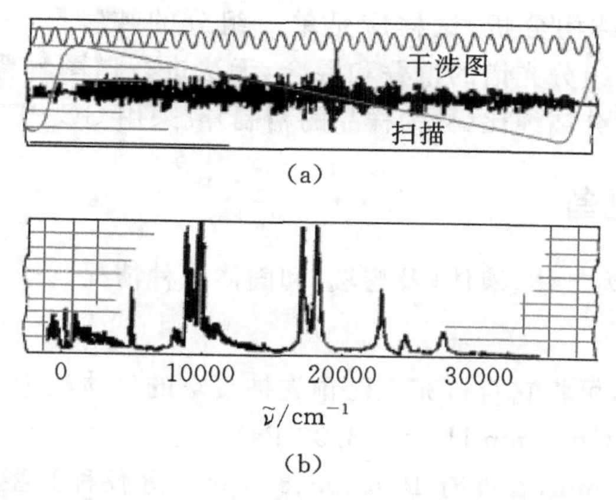

图 4.11　多色光通过时 FTIR 光谱干涉图

FTIR 光谱仪的特点如下。

(1)扫描速度快，测量时间短，可在 1 秒至数秒内获得光谱图，比色散型仪器快数百倍。因此适于对快速反应的跟踪，也便于与色谱法的联用。

(2)灵敏度高，检测限低，可达 10^{-9}～10^{-12} g，因为可以进行多次扫描(n 次)，进行信号的叠加，提高了信噪比$\sqrt{n}$倍。

(3)分辨本领高，波数精度一般可达 0.5 cm^{-1}，性能好的仪器可达 0.01 cm^{-1}。

(4)测量光谱范围宽，波数范围可达 10～10^4 cm^{-1}，涵盖了整个红外光区。

(5)测量的精密度、重现性好，可达 0.1%，而杂散光小于 0.01%。

第八节　试样的处理和制备

一、试样的处理

红外光谱法的试样可以是气体、液体(包括溶液)或固体，一般应符合下面三项要求。

(1)试样中被测组分的浓度和测量厚度要合适，使吸收强度适中，一般要求使谱图中大多数吸收峰的透射比处于15%～75%之间。太稀或太薄时，一些弱峰可能不出现，太浓或太厚时，可能使一些强峰的记录超出，无法确定峰位置。

(2)试样不能含有游离水。水本身在红外光区有吸收，严重干扰试样的红外光谱，而且水会腐蚀红外吸收池的盐窗。

(3)对于定性、结构分析，试样应是单一组分的纯物质，一般要求纯度大于98%，否则会发生各组分光谱的重叠和混合，无法进行谱图解释。因此，对于多组分的试样，应先经过分离纯比(称为样品的精制)或采用 GC－FTIR 方法。

二、试样的制备

试样的制备分为气体、液体(及溶液)和固体三种情况。

1. 气体样品

对于气体样品，可将它直接充入已预先抽真空的气体池中进行测量，池内测量气体压力约 50 mmHg(1 mmHg＝133.32 Pa)。

池体直径约 40 mm，长度有 100、200、500 mm 等各种类型。测量微量组分气体时，为了提高灵敏度，可采用多次反射气体池，利用池内放置的反射镜使光束多次反射，可提高光程几十倍，增大组分分子吸收红外光的机会。

2. 液体或溶液样品

对液体或溶液样品可以采用液体池法和液膜法。

(1)液体池法。对于沸点低、挥发性较大的液体或吸收很强的固、液体需配成溶液进行测量的试样，可采用液体池法，把液体或溶液注入池中测量。

液体池由两个盐(NaCl 或 KBr)片作为窗板，中间夹一薄层垫片板，形成一个小空间，一个盐片上有一小孔，用注射器注入样品。液体池可分为固定式池(也叫密封池，垫片的厚度固定不变)、可拆装式池(可以拆卸更换不同厚度的垫片)和可变式池(可用微调螺丝连续改变池的厚度，并从池体外的测微器观察池的厚度)三种。

(2)液膜法。液膜法是定性时常用的方法，尤其是一些高沸点、黏度大、不易清洗的液体样品更为常用。在两盐片之间滴入 1～2 滴液样，形成液膜，用专门夹具夹放在仪器的光路上测量。这种方法重现性较差，不宜作定量分析。

将液、固体试样制成溶液进行红外测量，重现性好，光谱的形状、结构清晰，但应注意溶剂的选择。溶剂在所测量的光谱区域中应没有对应的吸收光谱，如 CS_2(在 600～1350 cm^{-1}常用)、CCl_4(在 1350～4000 cm^{-1}常用)、$CHCl_3$(在 900～4000 cm^{-1}常用)；溶剂对样品无强烈的溶剂化作用，通常为非极性溶剂；溶剂对窗盐没有腐蚀作用；溶剂对样品应有足够溶解能力。

3. **固体样品**

固体样品的处理方法可分为压片法、调糊法、薄膜法和溶液法四种。溶液法已于上面叙述。

(1)压片法。压片法是测定固体试样应用最广泛的方法，对于不溶于有机溶剂或没有合适溶剂的高聚物更为常用。压片法(也叫加压锭剂法)需用专门的模具和油压机，1～3 mg 的样品与 100～200 mg KBr 混合，充分磨细、混匀，放入模具，低真空下(2～5 mmHg)用油压机加压(5～10 T/cm^2)5～10 min，得到透光圆形薄片(1～2 mm 厚)，在红外灯下烘干，然后置于仪器光路中测量。

应用压片法时必须注意如下问题。压片法一般用 KBr 作为分散剂(也称稀释剂)。主要是因为 KBr 在 400～4000 cm^{-1} 区域中无吸收，且 KBr 与大多数的有机化合物的折光系数相近，可减少光散射引起的光能损失。此外 KBr 在高压下的可塑性及冷胀现象也利于制成薄片。对 KBr 的纯度要求要高，不含有水分。为了减少光散射，样品及 KBr 的粒度应小于 2 μm，且颗粒必须均匀分散。

(2)调糊法。将 2～5 mg 样品磨细(粒度$<$2 μm)，滴入几滴重烃油(折光系数应与样品相近，研成糊状，涂于盐片上测量。调糊剂常用石蜡油，其光谱较简单，但由于其 C—H 吸收带常对样品有影响，故可用全氟烃油代替。

(3)薄膜法。主要用于某些高分子聚合物的测定。把样品溶于挥发性强的有机溶剂中，然后滴加于水平的玻璃板上，或直接滴加在盐板上，待有机溶剂挥发后形成薄膜，置于光路中测量。有些高聚物可以热熔后涂制成膜或加热后压制成膜。

实验一　红外分光光度法测定有机物的结构

一、实验目的

(1)了解红外光谱分析法的基本原理，初步掌握红外光谱试样的制备和简易红外光谱仪的使用。

(2)学会查阅红外光谱图和剖析、定性分析聚合物。

二、原理及应用

基本工作原理：用一定频率的红外线聚焦照射被分析的试样，如果分子中某个基团的振动频率与照射红外线相同就会产生共振，这个基团就吸收一定频率的红外线，把分子吸收红外线的情况用仪器记录下来，便能得到全面反映试样成份特征的光谱，从而推测化合物的类型和结构。红外光谱主要是定性技术，但是随着比例记录电子装置的出现，也能迅速而准确地进行定量分析。

特点和主要用途：一般的红外光谱是指 2.5～50 μm（对应波数 4000～200 cm^{-1}）之间的中红外光谱，这是研究有机化合物最常用的光谱区域。红外光谱法的特点是：快速、样品量少（几微克至几毫克）、特征性强（各种物质有其特定的红外光谱图）、能分析各种状态（气、液、固）的试样且不破坏样品。红外光谱仪是化学、物理、地质、生物、医学、纺织、环保及材料科学等领域的重要研究工具和测试手段，而远红光谱更是研究金属配位化合物的重要手段。

红外吸收光谱法的应用如下。

1. 定性分析

红外光谱对有机化合物的定性分析具有鲜明的特征性，因为每一化合物都具有特征的红外吸收光谱，其谱带数目、位置、形状和相对强度均随化合物及其聚集态的不同而不同，因此根据化合物的光谱，确定化合物或其官能团是否存在，就像辨认人的指纹一样。

红外光谱定性分析，大致可分为官能团定性和结构分析两个方面。官能团定性是根据化合物的红外光谱的特征基团频率来检定物质含有哪些基团，从而确定有关化合物的类别。结构分析或称结构剖析，则需要由化合物的红外光谱并结合其他实验资料（如相对分子量、物理常数、紫外光谱、核磁共振波谱、质谱等）来推断有关化合物的化学结构。

应用红外光谱进行定性分析的一般过程如下。

(1)试样的分离和精制。试样不纯会给光谱解析带来困难，因此对混合试样要进行分离，对不纯试样要进行提纯，以得到单一纯物质。试样分离、提纯通常采用分馏、萃取、重结晶、柱层析、薄层层析等。

(2)了解试样来源及性质。

(3)谱图解析。

2. 定量分析

(1)定量分析原理。与其他分光光度法（紫外-可见分光光度法）一样，红外光谱定量分析是根据物质组分的吸收峰强度来进行的，它的理论基础是朗伯-比尔定律。

(2)测量方法。定量校准方法可采用标准曲线或标准加入法。

三、仪器与试剂

(1)仪器:FTIR 红外光谱仪、手压式压片机(包括压膜等)、玛瑙研钵。

(2)试剂:KBr(A. R.)、苯甲酸、对硝基苯甲酸、苯乙酮、苯甲醛等。

四、实验步骤

1. KBr 压片法制备固体试样

取约 1 mg 固体试样于干净的玛瑙研钵中,在红外灯下研磨成细粉,加约 100 mg 干燥的 KBr 再一起研磨,然后移入压片模中;使粉末分布均匀后;将模子放在油压机上,边抽真空,边加压,在 6.4×10^{3} Pa 的压力下,维持 5 min。放气泄压后,取出模子脱模,得一透明圆片。将片子装在试样环上,测定光谱图。

2. 薄膜法制备聚甲基丙烯酸甲酯固体试样

滴两滴有机玻璃氯仿溶液在 NaCl 晶片上,用玻璃棒摊匀,在红外灯下逐渐挥发溶剂,待溶剂完全挥发后,测定光谱图。

3. 糊状法制备固体试样

用干净的玛瑙研钵将 3～4 mg 固体试样研细,滴两滴石蜡油后继续研磨,用不锈钢刀刮到 NaCl 盐片上,压上另一块盐片,放在可折液体池的池架上,测定光谱图。

4. 液膜法制备液体试样

在一块 NaCl 盐片上,滴加一滴液体试样,盖上另一块盐片,使两块盐片之间形成一定厚度的液膜,放在池架上,测定光谱图。

5. 测定聚苯乙烯膜的红外光谱图

其目的是校准仪器的波数。

6. 测定教师指定的未知试样的光谱图

7. 实验完毕

用 CCl_4 清洗池子,干燥后放入干燥器内。

在红外光区,使用的光学部件和吸收池的材质是 NaCl 晶体,该晶体不能受潮。操作时应注意如下几点。

(1)不要用手直接接触盐片表面。

(2)不要对着盐片呼吸。

(3)避免与吸潮液体或溶剂接触。

8. **软件操作**

选择“Varian Resolution”图标，打开软件。

(1)设定扫描参数。从“Scan”菜单中选择“Scan”选项，在这个界面中可以定义扫描参数、控制背景和样品扫描，定义扫描参数。

(2)准直和校验光谱仪。在“Scan\Scan”对话框中点击“Setup”，出现准直干涉图窗口，点击“Align”，进行自动准直；当进行准直的时候，状态栏会显示准直是否完成，该过程大概需要 2 min。点击“Centerburst”可以放大干涉图中心部位；点击“Calibration”来校验增溢半径(GRR)电路和增溢放大系统。当进行校验的时候，状态栏会显示校验状态；当状态栏显示校验完成，点击“OK”键，保存准直和校验的结果。

(3)背景光谱采集。在“Scan\Background\Select”选择背景。设置好背景采集参数后，点击“Background”会出现图标，进行背景扫描，完成后保存背景光谱。

(4)样品采集。打开样品仓，把样品放在样品架上，点击按钮，准备开始进行样品光谱采集。在“Sample”栏里定义扫描图框里的参数，点击“Scan”开始样品扫描，在光谱栏里可以直接看到采集到光谱图。采集完成，光谱图和背景同时在一个文件夹中，可以把“Name”里面的文件名字修改成样品名字。

五、数据与处理

(1)根据红外特征基团频率图，指出已知试样谱图上基团的频率。

(2)归纳各已知化合物中相同基团出现的频率范围。

(3)将未知化合物明显的峰列表，特别注意 $4000\sim1300\ cm^{-1}$ 内的吸收峰。

(4)根据未知化合物的元素分析数据，沸点、熔点等物理数据，指出未知物的可能结构。

(5)若有条件，与标准样的红外谱图对照，最后确定结构。

六、问题与讨论

(1)今欲测定一种仅溶于水的试样，可以采用哪些方法制备试样？

(2)测定红外光谱时，试样容器的材质常采用氯化钠和溴化钾，它们适用的波长范围各为多少？

实验二　红外光谱法推测化合物结构

一、实验目的

(1)通过推测化合物 $C_7H_6O_2$ 的结构,掌握用红外光谱推测化合物结构的原理和方法。

(2)了解红外分光光度计的使用。

二、实验原理

当已知化合物的分子式时,可以计算其不饱和度 u,从而可推测化合物的类型。然后根据红外图谱解析的程序,有的放矢地对测得的红外光谱图进行解析。通过解析图谱中的主要吸收峰,可知道组成化合物的各基团及它们相互间的连接情况,进而可推测可能的结构式。最后与红外标准图谱对照以确定结构。

三、实验步骤

本实验的制样方式是采用溴化钾压片法。

(1)取 0.5～2 mg 样品,于玛瑙研钵中研细。

(2)于研钵中加入 100～200 mg(事先研细至 2 μm 左右),于 110～150℃烘箱充分烘干(约需 48 h)的 KBr 粉末,把样品与 KBr 粉末充分研磨均匀。

(3)把均匀的混合物置于一定的模具中,在真空下加压成直径为 5 mm 或 13 mm 的半透明薄片。

(4)把此半透明薄片放于红外分光光度计的样品窗口,在参比窗口放上空白的 KBr 片子,进行测谱。

(5)取下测好的红外光谱图,进行图谱解析工作。

四、图谱解析

化合物 $C_7H_6O_2$ 的不饱和度 $u=1+7+1/2(0-6)=5$。由该化合物的不饱和度判断其可能含有苯环。

测得的红外光谱图的各谱峰及其归属如表 4.1 所示。

表 4.1 测得的红外光谱图的各谱峰及其归属

$\tilde{\nu}/cm^{-1}$	归属
3077、3012	苯环上的 C—H 伸缩振动
3000～2500 多重峰	形成氢键上的 O—H 伸缩振动
1684	C═O 的伸缩振动
1600、1582、1495、1451	苯环的 C═C 伸缩振动
1425、1326、1289	C—O 伸缩振动和 O—H 弯曲振动相互作用
1135、1127、1073、1028	苯环上 C—H 面内弯曲振动
935	—COOH 基上，O—H 的面外弯曲振动
716、690	单取代苯 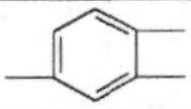 邻接 5H 的 C—H 面外弯曲振动
670	C—O 面内弯曲振动
430	C═C 面内弯曲振动

功能团区的 3077、3012 cm^{-1} 及 1600、1582、1495、1451 cm^{-1} 以及指纹区的 751、690 cm^{-1} 等处的峰表示含有单取代苯环（对不饱和度贡献为 4），而 1684 cm^{-1} 表示分子中含有羰基（对不饱和度贡献为 1）。此羰基出现在较低波数，表示羰基与苯环共轭，同时根据 3000～2500 cm^{-1} 一系列的多重峰和特征的 935 cm^{-1}（羰基上 O—H 的面外弯曲振动），可断定此羰基是属于羧基的。因此可推测该化合物为苯甲酸。

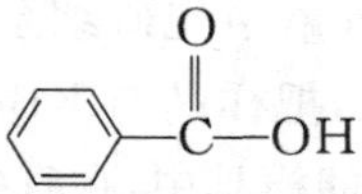

根据分子式 $C_7H_6O_2$，查 SADTLER 标准图谱分子式索引，查得苯甲酸的红外标准图谱号码为 779。将实验测得的红外光谱图与标准图谱 779 号对照，完全一致。

第五章　原子吸收光谱分析法

第一节　原子吸收光谱分析的基本原理

一、历史原子吸收分析法的发展概况

原子吸收光谱法(AAS)是20世纪50年代中期出现,并在以后逐渐发展起来的一种仪器分析方法。它是基于被测元素的基态原子在蒸气状态下对其原子共振线的吸收来进行元素定量分析的方法。

早在1802年,沃拉斯顿(Wollaston)在研究太阳光的连续光谱时,发现有暗线存在。1817年,夫琅禾费(Fraunhofer)再次发现这样的暗线,但不明其原因和来源,于是把这些暗线称为夫氏线。直到1860年本生(Bunson)和基尔霍夫(Kirchhoff)在研究碱金属和碱土金属元素的光谱时,发现钠蒸气发射的谱线会被处于较低温度的钠蒸气所吸收,而这些吸收线与太阳光连续光谱中的暗线的位置相一致,这一事实说明了夫氏线是太阳外围大气圈中存在的Na原子对太阳光中所对应的钠辐射线吸收的结果,解开了原子吸收的面纱。到了20世纪30年代,工业上汞的使用逐渐增多,汞蒸气毒性强,而测定大气中的汞蒸气较为困难,因此有人利用原子吸收的原理设计了测汞仪,这是AAS法的最初应用。

AAS法作为一种实用的分析方法是从1955年才出现的。澳大利亚的沃尔什(Walsh)发表了他的著名论文《原子吸收光谱在化学分析中的应用》,奠定了原子吸收光谱法的理论基础。随着原子吸收光谱商品化仪器的出现,到了20世纪60年代中期,原子吸收光谱法步入迅速发展的阶段。尤其是非火焰原子化器的发明和使用,使该方法的灵敏度有了较大的提高,应用更为广泛。科学技术的进步,为原子吸收技术的发展、仪器的不断更新和发展提供了技术和物质基础。近十几年来,使用连续光源和中阶梯光谱,结合光导摄像管、二极管阵列的多元素分析检测器,设计出微机控制的原子吸收分光光度计,为解决多元素的同时测定开辟了新的前景。微机引入原子吸收光谱,使这个仪器分析方法的面貌发生了重大的变化,而与现代分离技术的结合,联机技术的应用,使得这个方法有了更为广阔的应用前景。

二、原子吸收光谱分析的特点

原子吸收法，可用于60余种金属元素和某些非金属元素的定量测定，应用十分广泛，其特点如下。

1. **优点**

(1)检测限低，火焰原子化法的检测限可达 ng/mL 级，石墨炉原子化法更低，可达 $10^{-10} \sim 10^{-13}$ g；准确度也比较高，火焰原子化法的相对误差通常在1%以内，石墨炉原子化法相对误差为3%～5%。

(2)选择性比较好，谱线较简单，谱线数目比AES法少得多，谱线干扰少，大多数情况下共存元素对被测定元素不产生干扰，有的干扰可以通过加入掩蔽剂或改变原子化条件加以消除。

(3)火焰原子化法的精密度、重现性也比较好，由于温度较低，绝大多数原子处于基态，温度变化时，基态原子数目的变化相对少，而激发态变化大，所以吸收强度随原子化器温度变化的影响小。

(4)分析速度快，仪器比较简单，操作方便，应用比较广。一般实验室均可配备原子吸收光谱仪器，能够测定的元素多达70多种，不仅可以测定金属元素，也可以用间接法测定某些非金属元素和有机化合物，如图5.1所示。该图为较早期的统计资料，现在的应用范围应有所扩大。

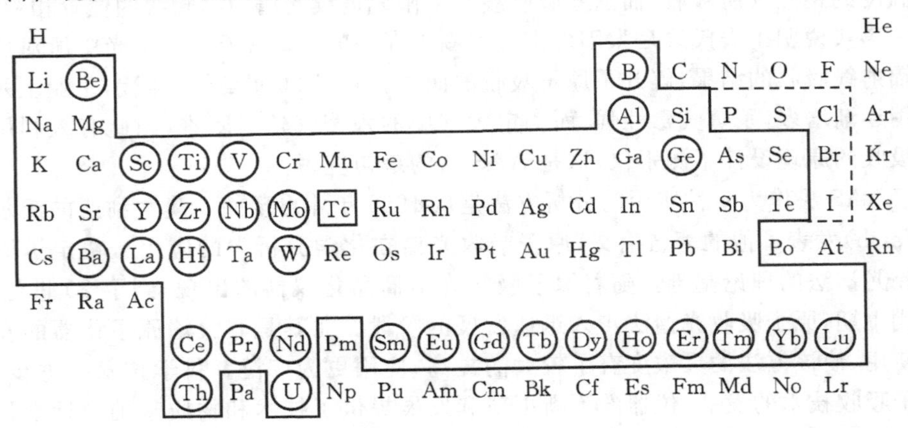

图5.1

注：(1)实线框表示可直接测定元素；(2)圆圈内的元素需要高温火焰原子化；(3)虚线内为可间接测定的元素。

2. **缺点**

(1)除了一些现代、先进的仪器可以进行多元素的测定外,目前大多数仪器都不能同时进行多元素的测定。因为每测定一个元素都需要与之对应的一个空心阴极灯(也称元素灯),一次只能测一个元素。

(2)由于原子化温度比较低,对于一些易形成稳定化合物的元素,如 W、Nb、Ta、Zr、Hf、稀土等以及非金属元素,原子化效率低,检出能力差,受化学干扰较严重,所以结果不能令人满意。

(3)非火焰的石墨炉原子化器虽然原子化效率高,检测限低,但是重现性和准确性较差。

三、原子吸收的基本原理

1955 年,澳大利亚物理学家沃尔什提出以锐线光源为激发光源,用测量峰值吸收的方法代替积分吸收,解决了原子吸收测量的难题,使原子吸收成为一种分析方法。

(1)锐线光源——发射线的半宽度比吸收线的半宽度窄得多的光源。

锐线光源需要满足的条件:

①光源的发射线与吸收线的 ν_0 一致。

②发射线的 $\Delta\nu_{1/2}$ 小于吸收线的 $\Delta\nu_{1/2}$。

理想的锐线光源空心阴极灯用一个与待测元素相同的纯金属制成。该灯内是低电压,压力变宽基本消除;灯电流仅几毫安,温度很低,热变宽也很小。

(2)峰值吸收测量如图 5.2 所示。

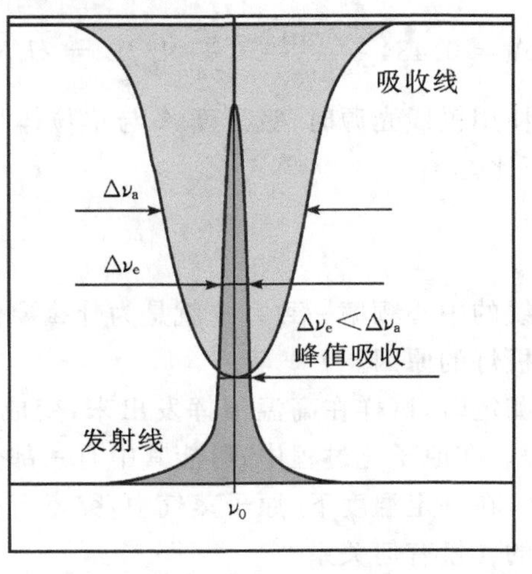

图 5.2　峰值吸收测量示意图

采用锐线光源进行测定时，由朗伯-比尔定律有

$$A=\lg\frac{I_0}{I} \tag{5.1}$$

式中：I_0和 I 分别表示在 $\Delta\nu_a$条件下入射光和透射光的强度

$$I_0=\int_0^{\Delta\nu_e}I_{0\nu}\,d\nu;\ I=\int_0^{\Delta\nu_e}I_\nu\,d\nu$$

将 $I=I_0e^{-K_\nu b}$代入上式得

$$I=\int_0^{\Delta\nu_e}I_{0\nu}e^{-K_\nu L}\,d\nu$$

于是

$$A=\lg\frac{\int_0^{\Delta\nu_e}I_{0\nu}\,d\nu}{\int_0^{\Delta\nu_e}I_{0\nu}e^{-K_\nu L}\,d\nu}$$

采用锐线光源进行测量，则 $\Delta\nu_e<\Delta\nu_a$，由图 5.2 可见，在辐射线宽度范围内，K_ν可近似认为不变，并近似等于峰值时的吸收系数 K_0，则

$$A=\lg\frac{1}{e^{-K_\nu L}}=\lg e^{K_0L}=0.434K_0L \tag{5.2}$$

在原子吸收中，谱线变宽主要受多普勒效应影响，则

$$K_0=\frac{2\sqrt{\pi\ln2}}{\Delta\nu_D}\cdot\frac{e^2}{mc}N_0f$$

代入式(5.2)得

$$A=0.434\frac{2\sqrt{\pi\ln2}}{\Delta\nu_D}\cdot\frac{e^2}{mc}N_0fL=kLN_0 \tag{5.3}$$

式(5.3)表明：当使用锐线光源时，吸光度 A 与单位体积原子蒸气中待测元素的基态原子数 N_0成正比。

上式的前提条件：

①$\Delta\nu_e<\Delta\nu_a$；

②辐射线与吸收线的中心频率一致。这就是为什么要使用一个与待测元素同种元素制成的空心阴极灯的原因。

在进行原子吸收测定时，试样在高温下挥发出来，变成气态，并解离成气态原子，这就是原子化过程。在原子化过程中，可能其中有一部分基态原子进一步被激发成激发态原子，那么，在一定温度下，原子蒸气中，究竟有多少原子处于基态？它与待测元素在试样中的含量有何关系？

在一定温度下，处于热力学平衡时，激发态原子数 N_j与基态原子数 N_0之比服

从波尔兹曼分布定律，即

$$N_j/N_0 = P_j/P_0 e^{-(E_j-E_0)/kT}$$

式中：P_j、P_0分别为基态和激发态统计权重。它表示能级的简并度，即相同能级的数目。

对共振线($E_0=0$)，有

$$N_j/N_0 = P_j/P_0 e^{-E_j/kT} \quad (5.4)$$

在原子光谱中，一定波长谱线的 P_j/P_0 和 E_j 都已知，不同 T 的 N_j/N_0 可用式(5.4)求出。

可见，T 越高，N_j/N_0 越大。在原子吸收中，原子化温度一般在 2000～3000 K。当 $T<3000$ K 时，N_j/N_0 都很小，不超过 1%，即基态原子数 N_0 比 N_j 大得多，占总原子数的 99%以上，通常情况下可忽略不计，因此

$$N_0 = N$$

若控制条件使进入火焰的试样保持一个恒定的比例，则 A 与溶液中待测元素的浓度成正比，因此，在一定浓度范围内满足如下关系式：

$$A = K \cdot c$$

上式说明：在一定实验条件下，吸光度(A)与浓度(c)成正比。所以通过测定 A，就可求得试样中待测元素的浓度(c)，此即为原子吸收分光光度法定量基础。

第二节　原子吸收光谱仪

虽然原子吸收现象早在 19 世纪初就被发现，但原子吸收现象作为一种分析方法，开始于 1955 年(1955 年以前，一直未用于分析化学，原因是原子吸收线为锐线吸收，一般单色器无法获得)。这一年，澳大利亚物理学家沃尔什发表了一篇论文 *Application of Atomic Absorption Spectrometry to Analytical Chemistry*(《原子吸收光谱法在分析化学中的应用》)，解决了原子吸收光谱的光源问题，奠定了原子吸收光谱法的基础，之后该方法迅速发展。20 世纪 50 年代末 PE 和 Varian 公司推出了原子吸收光谱商品仪器，发展了沃尔什的设计思想；到了 60 年代中期，原子吸收光谱开始进入迅速发展的时期。

1959 年，苏联人里沃夫发表了电热原子化技术的第一篇论文。电热原子吸收光谱法的绝对灵敏度可达到 10^{-12}～10^{-14} g，使原子吸收光谱法向前发展了一步。近年来，塞曼效应和自吸效应扣除背景技术的发展，使其在很困难的条件下亦可顺利地实现原子吸收测定。基体改进技术的应用、平台及探针技术的应用以及在此基础上发展起来的稳定温度平台石墨炉技术(STPF)的应用，可以对许多复杂组

成的试样有效地实现原子吸收测定。

随着原子吸收技术的发展，推动了原子吸收仪器的不断更新和发展，而其他科学技术进步，为原子吸收仪器的不断更新和发展提供了技术和物质基础。近年来，使用连续光源和中阶梯光栅，结合使用光导摄像管、二极管阵列多元素分析检测器，设计出了微机控制的原子吸收分光光度计，为解决多元素同时测定开辟了新的前景。微机控制的原子吸收光谱系统简化了仪器结构，提高了仪器的自动化程度，改善了测定准确度，使原子吸收光谱法发生了重大变化。联用技术（色谱-原子吸收联用、流动注射-原子吸收联用）日益受到人们的重视。色谱-原子吸收联用，不仅在解决元素的化学形态分析方面，而且在测定有机化合物的复杂混合物方面，都有着重要的用途，是一个很有前途的发展方向。

原子吸收分光光度计有单光束和双光束两种类型。如果将原子化器当作分光光度计的比色皿，其仪器的构造与分光光度计很相似。与分光光度计相比，不同点如下。

(1)采用锐线光源。

(2)单色器在火焰与检测器之间。如果像分光光度计那样，把单色器置于原子化器之前，火焰本身所发射的连续光谱就会直接照射在 PMT 上，会导致 PMT 寿命缩短，甚至不能正常工作。

(3)原子化系统。除了光源发射的光外，还存在：①火焰本身所发射的连续光谱；②原子吸收中的原子发射现象。在原子化过程中，基态原子受到辐射跃迁到激发态后，处于不稳定状态，返回基态时，可能将能量又以光的形式释放出来。故既存在原子吸收，又有原子发射。产生的辐射也不一定在一个方向上，但对测量仍将产生一定干扰。消除干扰的措施：对光源进行调制。将发射的光调制成一定频率，检测器只接受该频率的光信号；原子化过程发射的非调频干扰信号不被检测。

光源调制方法主要有以下两种。机械调制：在光源的后面加一个由同步马达带动的扇形板作机械斩波器。当斩波器以一定的速度转动时，光源的光以一定的频率断续通过火焰，因而在检测器后面将得到交流信号，而火焰发射的信号是直流信号，在检测系统中采用交流放大器，可排除。电调制：对空心阴极灯采用脉冲供电(400～500 Hz)。其优点为能提高光源的发射强度及稳定性，延长灯的寿命，近代仪器多采用此法。

单光束原子吸收分光光度计：结构简单、价廉；但易受光源强度变化影响，灯预热时间长，分析速度慢。

双光束仪器：一束光通过火焰，一束光不通过火焰，直接经单色器。此类仪器可消除光源强度变化及检测器灵敏度变动影响，可消除光源不稳定性造成的误差。

可见，原子吸收分光光度计一般由光源、原子化器、单色器、检测器等四部分组成，如图 5.3 所示。

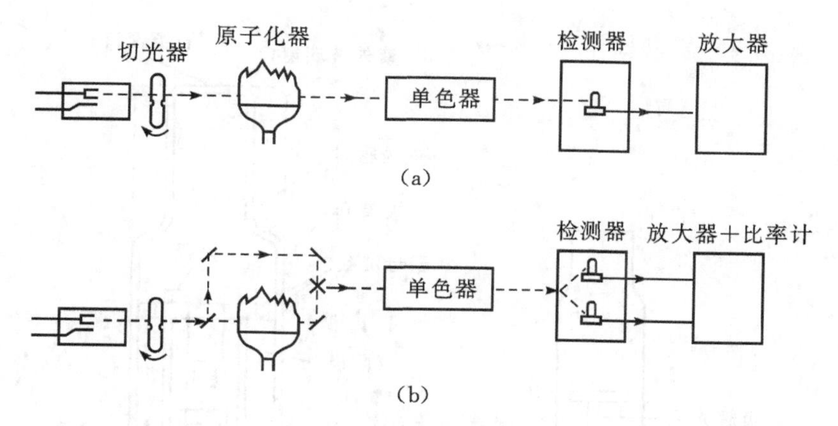

图 5.3 原子吸收分光光度计示意图

一、光源

1. 作用

光源的作用是提供待测元素的特征谱线——共振线，以获得较高的灵敏度和准确度。光源应满足如下要求：

(1)对于锐线光源($\Delta\nu \leqslant 2\times10^{-3}$ nm)来说，辐射的共振线半宽度明显小于吸收线的半宽度；

(2)共振辐射强度足够大，以保证有足够的信噪比；

(3)稳定性好，背景小。

常用的光源是空心阴极灯(Hollow Cathode Lamp)。

2. 空心阴极灯

(1)构造：低压气体放电管(Ne、Ar)；一个阳极：钨棒(末端焊有钛丝或钽片，作用是吸收有害气体)；一个空心圆柱形阴极：待测元素(由待测元素制成，或将待测元素衬在内壁如低熔点金属、难加工金属、活泼金属采用合金)；一个带有石英窗的玻璃管，管内充入低压惰性气体。空心阴极灯的外观图如图 5.4 所示。空心阴极灯的结构示意图如图 5.5 所示。

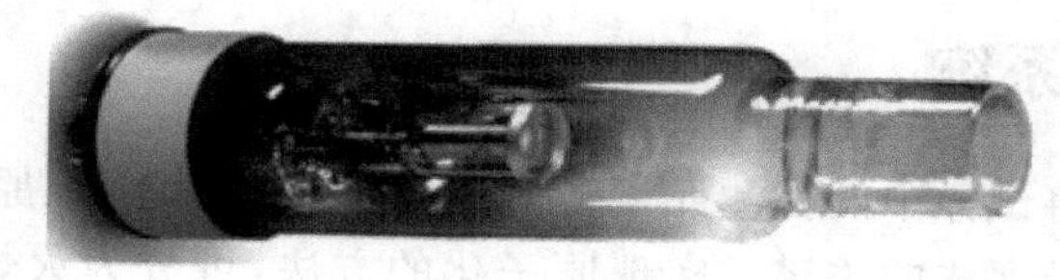
图 5.4 空心阴极灯的外观图

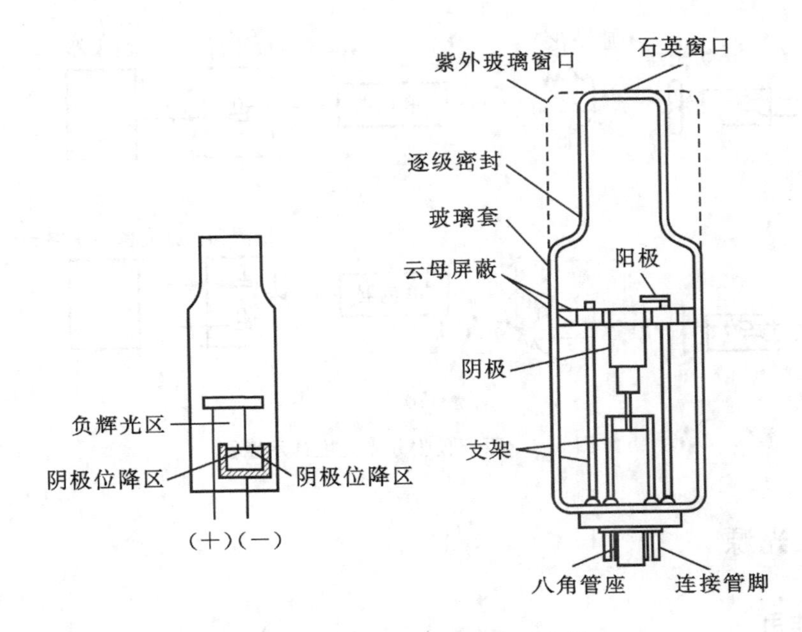

图 5.5　空心阴极灯的结构示意图

(2)原理:施加适当电压时,电子将从空心阴极内壁流向阳极,与充入的惰性气体碰撞而使之电离,产生正电荷,其在电场作用下,向阴极内壁猛烈轰击;使阴极表面的金属原子溅射出来,溅射出来的金属原子再与电子、惰性气体原子及离子发生碰撞而被激发,于是阴极内辉光中便出现了阴极物质和内充惰性气体的光谱。

用不同待测元素作阴极材料,可制成相应空心阴极灯(有单元素空心阴极灯和多元素空心阴极灯)。

空心阴极灯的辐射强度与灯的工作电流有关。其主要操作参数是灯电流。灯电流过低,发射不稳定,且发射强度降低,信噪比下降;但灯电流过大,溅射增强,灯内原子密度增加,压力增大,谱线变宽,甚至引起自吸收,引起测定的灵敏度下降,且灯的寿命缩短。因此在实际工作中要选择合适的灯电流。空心阴极灯在使用前,一般要预热 5～20 min。

此外,还有无极放电灯,该灯强度高,但制备困难,价格较高。

二、原子化系统

原子化系统将试样中的待测元素转变成气态的基态原子(原子蒸气)。原子化是原子吸收分光光度法的关键。实现原子化的方法,可分为火焰原子化法和非火焰原子化法。

1. **火焰原子化法**

火焰原子化装置包括雾化器和燃烧器两部分。燃烧器有全消耗型(试液直接喷入火焰)和预混合型(在雾化室将试液雾化,然后导入火焰)两类。目前广泛应用的是后者。预混合型火焰原子化器的结构示意图如图 5.6 所示。

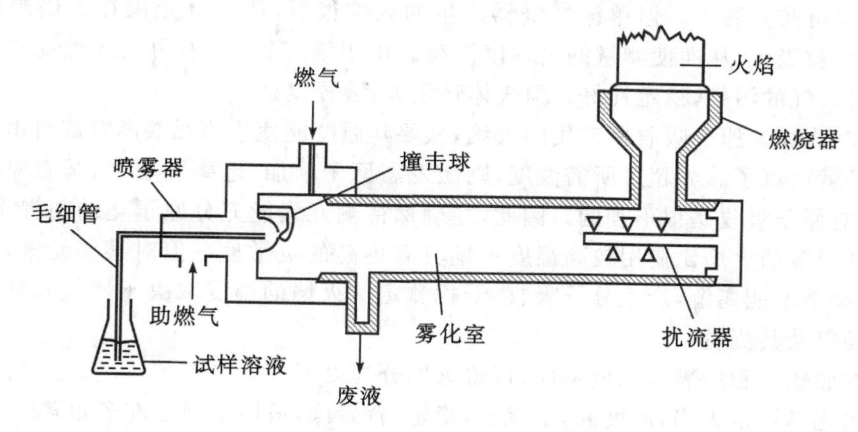

图 5.6　预混合型火焰原子化器

(1)雾化器。其作用是将试样溶液分散为极微细的雾滴,形成直径约 10 μm 的雾滴的气溶胶(使试液雾化)。对雾化器的要求:①喷雾要稳定;②雾滴要细而均匀;③雾化效率要高;④有好的适应性。其性能好坏对测定精密度、灵敏度和化学干扰等都有较大影响。因此,雾化器是火焰原子化器的关键部件之一。

常用的雾化器有以下几种:气动雾化器、离心雾化器、超声喷雾器和静电喷雾器等。目前广泛采用的是气动雾化器。

气动雾化器的原理:高速助燃气流通过毛细管口时,把毛细管口附近的气体分子带走,在毛细管口形成一个负压区,若毛细管另一端插入试液中,毛细管口的负压就会将液体吸出,并与气流冲击而形成雾滴喷出。

形成雾滴的速率与以下因素有关。①与溶液的黏度和表面张力等物理性质有关。②与助燃器的压力有关:增加压力,助燃气流速加快,雾滴变小;但压力过大,单位时间进入雾化室的试液量增加,反而使雾化效率下降。③与雾化器的结构有关,如气体导管和毛细管孔径的相对大小。

(2)燃烧器。试液雾化后进入预混合室(雾化室),与燃气在室内充分混合。对雾化室的要求是能使雾滴与燃气、助燃气混合均匀,"记忆"效应小。雾化室设有分散球(玻璃球),较大的雾滴碰到分散球后进一步细微化。另有扰流器,较大的雾滴凝结在壁上,然后经废液管排出。最后只有那些直径很小,细而均匀的雾滴才能进入火焰中。

燃烧器可分为：单缝燃烧器（喷口是一条长狭缝，缝长 10 cm，缝宽 0.5～0.6 cm，适应空气-乙炔火焰；缝长 5 cm，缝宽 0.46 cm，适应 N_2O-乙炔火焰）、三缝燃烧器（喷口是三条平行的狭缝）和多孔燃烧器（喷口是排在一条线上的小孔）。

目前多采用单缝燃烧器做成狭缝式，这种形状既可获得原子蒸气较长的吸收光程，又可防止回火。但单缝燃烧器产生的火焰很窄，使部分光束在火焰周围通过，不能被吸收，从而使测量的灵敏度下降。由于缝宽较大，采用三缝燃烧器可避免来自大气的污染，稳定性好。但气体耗量大，装置复杂。

（3）火焰。原子吸收所使用的火焰，只要其温度能使待测元素离解成自由的基态原子就可以了。如超过所需温度，则激发态原子增加，电离度增大，基态原子减少，这对原子吸收是很不利的。因此，在确保待测元素能充分原子化的前提下，使用较低温度的火焰比使用较高温度火焰具有更高的灵敏度。但对某些元素，温度过低，盐类不能离解，产生分子吸收，干扰测定。火焰的温度取决于燃气和助燃气的种类以及其流量。

按照燃气和助燃气比例不同，可将火焰分为以下三类。

①化学计量火焰：温度高，干扰少，稳定，背景低，适用于测定许多元素。

②富燃火焰：还原性火焰，燃烧不完全，适用于测定较易形成难熔氧化物的元素，如 Mo、Cr 稀土等。

③贫燃火焰：火焰温度低，形成氧化性气氛，适用于碱金属测定。

火焰的组成关系到测定的灵敏度、稳定性和干扰等。常用的火焰有空气-乙炔、氧化亚氮-乙炔、空气-氢气等多种。

①空气-乙炔火焰。该火焰最为常用，其最高温度为 2300 ℃，能测定 35 种元素，但不适宜测定已形成难离解的氧化物的元素，如 Al、Ta、Zr、Ha 等。

贫燃性空气-乙炔火焰，其燃助比小于 1∶6，火焰燃烧高度较低，燃烧充分，温度较高，但范围小，适用于不易氧化的元素。富燃性空气-乙炔火焰，其燃助比大于 1∶3，火焰燃烧高度较高，温度较贫燃性火焰低，噪声较大，由于燃烧不完全，火焰成强还原性气氛（如 CN、CH、C 等），有利于金属氧化物的离解：

$$\mathrm{MO+C \longrightarrow M+CO}$$

$$\mathrm{MO+CN \longrightarrow M+N+CO}$$

$$\mathrm{MO+CH \longrightarrow M+C+OH}$$

故适用于测定较易形成难熔氧化物的元素。

日常分析工作中，较多采用化学计量的空气-乙炔火焰（中性火焰），其燃助比为 1∶4。这种火焰稳定、温度较高、背景低、噪声小，适用于测定许多元素。

②氧化亚氮-乙炔焰。其燃烧反应为

$$\mathrm{5N_2O \longrightarrow 5N_2+5/2O_2+Q} \quad \text{（大量 Q 使乙炔燃烧）}$$

$$C_2H_2 + 5/2O_2 \longrightarrow 2CO_2 + H_2O$$

火焰温度达 3000 ℃。火焰中除含 C、CO、OH 等半分解产物外，还含有 CN、NH 等成分，因而具有强还原性，可使许多易形成难离解氧化物元素原子化（如 Al、B、Be、Ti、V、W、Ta、Zr、Ha 等），即

$$MO + CN \longrightarrow M + N + CO$$

$$MO + NH \longrightarrow M + N + OH$$

产生的基态原子又被 CN、NH 等气氛包围，故原子化效率高。另由于火焰温度高，化学干扰也少。可适用于难原子化元素的测定，用它可测定 70 多种元素。

③氧屏蔽空气-乙炔火焰。该火焰用氧气流将空气-乙炔火焰与大气隔开。其特点是温度高、还原性强，适合测定 Al 等一些易形成难离解氧化物的元素。

2. 无火焰原子化装置

无火焰原子化装置是利用电热、阴极溅射、等离子体或激光等方法使试样中待测元素形成基态自由原子。目前广泛使用的是电热高温石墨炉原子化法。

石墨炉原子器本质就是一个电加热器，通电加热盛放试样的石墨管，使之升温，以实现试样的蒸发、原子化和激发。

(1)结构。石墨炉原子器由石墨炉电源、炉体和石墨管三部分组成。将石墨管固定在两个电极之间（接石墨炉电源），石墨管具有冷却水外套（炉体）。石墨管中心有一进样口，试样由此注入。

石墨炉电源是能提供低电压（10 V）、大电流（500 A）的供电设备。当其与石墨管接通时，能使石墨管迅速加热到 2000～3000 ℃的高温，以使试样蒸发、原子化和激发。炉体具有冷却水外套（水冷装置），用于保护炉体。当电源切断时，炉子很快冷却至室温。炉体内通有惰性气体（Ar、N_2），其作用是：①防止石墨管在高温下被氧化；②保护原子化了的原子不再被氧化；③排除在分析过程中形成的烟气。另外，炉体两端是两个石英窗。石墨炉原子化器结构示意图如图 5.7 所示。

(2)石墨炉原子化过程一般需要经四部程序升温完成（见图 5.8）。

①干燥：在低温（溶剂沸点）下蒸发掉样品中溶剂。通常干燥的温度稍高于溶剂的沸点。对水溶液，干燥温度一般在 100 ℃左右。干燥时间与样品的体积有关，一般为 20～60 s 不等。对水溶液，一般为 1.5 s/μL。

②灰化：在较高温度下除去比待测元素容易挥发的低沸点无机物及有机物，减少基体干扰。

③高温原子化：使以各种形式存在的分析物挥发并离解为中性原子。原子化的温度一般为 2400～3000 ℃（因被测元素而异），时间一般为 5～10 s。可绘制 $A-T$、$A-t$ 曲线来确定。

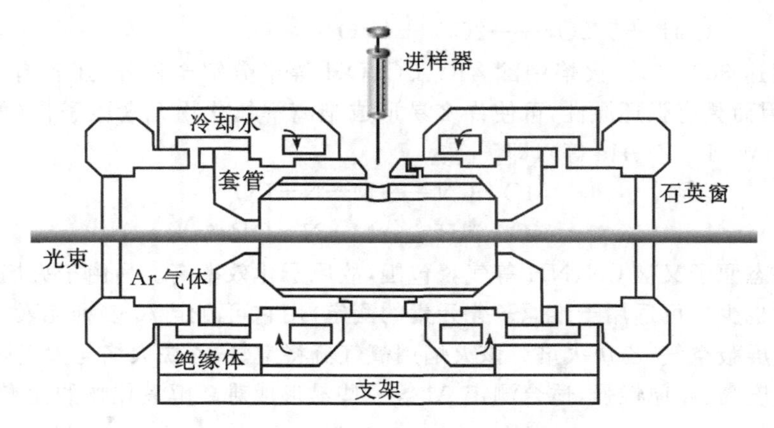

图 5.7　石墨炉原子化器结构示意图

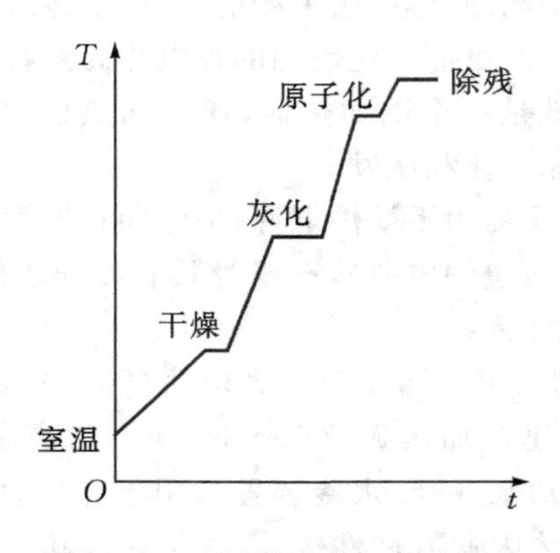

图 5.8　石墨炉升温程序示意图

④净化(高温除残):升至更高的温度,除去石墨管中的残留分析物,以减少和避免记忆效应。

(3)石墨炉原子化法的特点。

①优点。

a.试样原子化是在惰性气体保护下,在强还原性的石墨介质中进行的,有利于易形成难熔氧化物的元素的原子化。

b.取样量少。通常固体样品取样量为 0.1～10 mg,液体样品取样量为 1～50 μL。

c.试样全部蒸发,原子在测定区的平均滞留时间长,几乎全部样品参与光吸收,绝对灵敏度高,约为 10^{-13}～10^{-9} g。一般比火焰原子化法提高几个数量级。

d.测定结果受样品组成的影响小。

e. 化学干扰小。

②缺点。

a. 精密度较火焰法差(记忆效应),相对偏差约为 4%～12%(加样量少)。

b. 有背景吸收(共存化合物分子吸收),往往需要扣除背景影响。

火焰原子化法与石墨炉原子化法比较如表 5.1 所示。

表 5.1　火焰原子化法与石墨炉原子化法比较

方法	原子化热源	原子化温度	原子化效率	进样体积	信号形状	检出限	重现性	基体效应
火焰	化学火焰能	相对较低(一般<3000℃)	较低(<30%)	较多(约1mL)	平顶形	高 Cd:0.5 ng/mL Al:20 ng/mL	较好 RSD 为 0.5%～1%	较小
石墨炉	电热能	相对较高(可达3000 ℃)	高(>90%)	较少(1～50 μL)	尖峰状	低 Cd:0.002 ng/mL Al:1.0 ng/mL	较差 RSD 为 1.5%～5%	较大

3. 其他原子化法(化学原子化法)

(1)氢化物原子化法。

氢化物原子化方法属低温原子化方法(原子化温度 700～900 ℃)。主要应用于 As、Sb、Bi、Sn、Ge、Se、Pb、Ti 等元素。

①原理:在酸性介质中,与强还原剂硼氢化钠反应生成气态氢化物。例

$$AsCl_3 + 4NaBH_4 + HCl + 8H_2O = AsH_3 + 4NaCl + 4HBO_2 + 13H_2$$

将待测试样在专门的氢化物生成器中产生氢化物,然后将其引入加热的石英吸收管内,使氢化物分解成气态原子,并测定其吸光度。

②特点:原子化温度低;灵敏度高(对砷、硒可达 10^{-9} g);基体干扰和化学干扰小。

(2)冷原子化法。

该方法主要应用于各种试样中 Hg 元素的测量。汞在室温下,有一定的蒸气压,沸点为 357 ℃。只要对试样进行化学预处理还原出汞原子,由载气(Ar 或 N_2)将汞蒸气送入吸收池内测定。

①原理:将试样中的汞离子用 $SnCl_2$ 或盐酸羟胺完全还原为金属汞后,用气流将汞蒸气带入具有石英窗的气体测量管中进行吸光度测量。

②特点：常温测量；灵敏度、准确度较高（对汞可达 10^{-8} g）。

三、光学系统

原子吸收光谱法应用的波长范围，一般在紫外-可见区，即从铯 852.1 nm 到砷 193.7 nm。光学系统可分为两部分：外光路系统（或称照明系统）和分光系统（单色器）。

1. 外光路系统

其作用是使 HLP 发出的共振线能正确地通过原子蒸气，并投射在单色器入射狭缝上。

2. 分光系统

其作用是将待 HLP 发射的未被待测元素吸收的特征谱线与邻近谱线分开。因谱线比较简单，一般不需要分辨率很高的单色器。

为了便于测定，又要有一定的出射光强度。因此若光源强度一定，就需要选用适当的光栅色散率与狭缝宽度配合，构成适于测定的通带。

3. 通带宽度（W）

通带宽度指单色器出射狭缝通过的波长范围。当倒色散率（D）一定时，可通过选择狭缝宽度（S）来确定：$W=D\cdot S$。

四、检测系统

检测系统主要由检测器、放大器、对数变换器、显示记录装置组成。

1. 检测器

检测器将单色器分出的光信号转变成电信号。例如，光电池、光电倍增管、光敏晶体管等。

分光后的光照射到光敏阴极上，轰击出的光电子又射向光敏阴极，轰击出更多的光电子，依次倍增，在最后放出的光电子比最初多 106 倍以上，最大电流可达 10 μA，电流经负载电阻转变为电压信号送入放大器。

2. 放大器

放大器将光电倍增管输出的较弱信号，经电子线路进一步放大。

3. 对数变换器

对数变换器用于光强度与吸光度之间的转换。

4. 显示记录装置

新仪器配置：原子吸收计算机工作站。

第三节　TAS-990 火焰型原子吸收光谱仪的使用

一、开机顺序

(1)打开抽风设备。

(2)打开稳压电源。

(3)打开计算机电源,进入 Windows 桌面系统。

(4)打开 TAS-990 火焰型原子吸收主机电源。

(5)双击 TAS-990 程序图标“AAwin”,选择“联机”,单击“确定”,进入仪器初始化画面。等待仪器各项初始化“确定”后进行测量操作。

二、测量操作步骤

1. 选择元素灯及测量参数

(1)选择“工作灯(W)”和“预热灯(R)”后单击“下一步”。

(2)设置元素测量参数,可以直接单击“下一步”。

(3)进入“设置波长”步骤,单击寻峰,等待仪器寻找工作灯最大能量谱线的波长。寻峰完成后,单击“关闭”。

(4)单击“下一步”,进入完成设置画面,单击“完成”。

(5)检查元素灯光斑位置是否合适,然后预热约 20～30 min。

2. 设置测量样品和标准样品

(1)单击“样品”,进入“样品设置向导”选择“浓度单位”。

(2)单击“下一步”,进入标准样品画面,根据所配制的标准样品设置标准样品的数目及浓度。

(3)单击“下一步”,进入辅助参数选项,可以直接单击“下一步”,然后单击“完成”,结束样品设置。

3. 点火步骤

(1)打开空压机,观察空压机压力是否位于 0.20～0.25 MPa。

(2)打开乙炔,调节分表压力为 0.05～0.08 MPa,用发泡剂检查各个连接处是否漏气。

(3)单击点火按键,观察火焰是否点燃,如果第一次没有点燃,请等 5～10 s 再重新点火。

(4)火焰点燃后，把进样吸管放入去离子水中，单击"能量"，选择"自动能量平衡"调整能量到100%后关闭。

4. **测量步骤**

(1)标准样品测量：把进样吸管放入空白溶液，单击"校零"键，调整吸光度为零；单击"测量"键，进入测量画面(在屏幕右上角)，依次吸入空白溶液和标准样品开始测量(必须根据浓度从低到高测量)。注意：在测量中一定要注意观察测量信号曲线，直到曲线前进平稳后再按测量键"开始"，自动读数3次完成后再把进样吸管放入下一个样品继续测量。做完标准样品后，把进样吸管放入去离子水中，单击"终止"键。把鼠标指向标准曲线图框内，单击右键，选择"详细信息"，查看相关系数 R 是否合格。如果合格，进入样品测量。

(2)样品测量：把进样吸管放入空白溶液，单击"校零"键，调整吸光度为零；单击"测量"键，进入测量画面(屏幕右上角)，吸入样品，单击"开始"键测量，自动读数3次完成一个样品测量。一个样品测量完毕后需把进样管放入去离子水中清洗5～10 s，然后再测下一个样品。测量超过5个样品时请用去离子水清洗后重新在空白溶液中校零再测。注意事项同标准样品测量方法。

(3)测量完成：如果需要打印，单击"打印"，根据提示选择需要打印的结果；如果需要保存结果，单击"保存"，根据提示输入文件名称，单击"保存(S)"按钮。以后可以单击"打开"调出此文件。

5. **结束测量**

(1)如果需要测量其他元素，可先临时关闭火焰，单击"元素灯"，操作同上(二、测量操作步骤)。

(2)如果完成测量，一定要先关闭乙炔，等到计算机提示"火焰异常熄灭，请检查乙炔流量"；确定后再关闭空压机，按下放水阀，排除空压机内水分。

三、关机顺序

(1)退出TAS-990程序：单击右上角"关闭"按钮，如果程序提示"数据未保存，是否保存"，根据需要选择，一般打印数据后可以选择"否"，程序出现提示信息后单击"确定"退出程序。

(2)关闭主机电源，罩上原子吸收仪器罩。

(3)关闭计算机电源、稳压器电源。15 min后再关闭抽风设备，关闭实验室总电源，完成测量工作。

注意：此"操作步骤"只是简单操作顺序，具体操作步骤和详细内容请参考说明书的相关内容。由于原子吸收在分析过程中会有很多干扰因素，请查阅相关手册和资料。

四、注意事项

1. 乙炔钢瓶开关步骤

(1)开启：①逆时针打开乙炔钢瓶总开关，此时可看到乙炔钢瓶总压力表显示钢瓶内的气体总压力值；②顺时针旋转出口压力调节阀至分压力表读数为 0.05～0.08 MPa。

(2)关闭：①关闭前火焰应处于燃烧状态；②顺时针拧紧乙炔钢瓶总开关，此时可以看到钢瓶总压力表和分压力表的读数正在缓慢减少到 0；③逆时针松开出口压力调节阀 3 圈左右。

(3)乙炔钢瓶总压力表的显示小于 0.4 MPa 必须立即更换乙炔。

2. 空压机开关机步骤

(1)开机步骤：先开风机开关，再开工作开关，然后调整压力调节旋钮至 0.20～0.25 MPa；

(2)关机步骤：先关工作开关，然后按下放水按钮至压力为 0，最后关闭风机开关。

实验一　原子吸收分光光度法测定自来水中钙、镁的含量——标准曲线法

一、目的要求

(1)学习原子吸收分光光度法的基本原理。

(2)了解原子吸收分光光度计的基本结构及其使用方法。

(3)掌握应用标准曲线法测定自来水中钙、镁含量的方法。

二、实验原理

标准曲线法是原子吸收分光光度分析中一种常用的定量方法，常用于未知试液中共存的基体成分较为简单的情况，如果溶液中共存基体成分比较复杂，则应在标准溶液中加入相同类型和浓度的基体成分，以消除或减少基体效应带来的干扰，

必要时须采用标准加入法而不用标准曲线法。标准曲线法的标准曲线有时会发生弯曲现象，造成标准曲线弯曲的原因如下。

(1)当标准溶液浓度超过标准曲线的线性范围时，待测元素基态原子相互之间或与其他元素基态原子之间的碰撞概率增大，使吸收线半宽度变大，中心波长偏移，吸收选择性变差，致使标准曲线向浓度坐标轴弯曲(向下)。

(2)因火焰中共存大量其他易电离的元素，由这些元素原子的电离所产生的大量电子，将抑制待测元素基态原子的电离效应，使测得的吸光度增大，致使标准曲线向吸光度坐标轴方向弯曲(向上)。

(3)空心阴极灯中存在杂质成分，其产生的辐射不能被待测元素基态原子所吸收，以及由于杂散光存在等因素，形成背景辐射，使其在检测器上同时被检测，使标准曲线向浓度坐标轴方向弯曲(向下)。

(4)由于操作条件选择不当，如灯电流过大，将引起吸光度降低，也使标准曲线向浓度坐标轴方向弯曲。

总之，要获得线性好的标准曲线，必须选择适当的实验条件，并严格实行。

三、仪器与试剂

1. 仪器

(1)原子吸收分光光度计 TAS-990 型(北京普析通用仪器有限责任公司)。

(2)钙、镁空心阴极灯。

(3)无油空气压缩机或空气钢瓶。

(4)乙炔钢瓶。

(5)通风设备。

(6)容量瓶、移液管。

2. 试剂

(1)金属镁或碳酸镁(均为优级纯)。

(2)无水碳酸钙(优级纯)。

(3)浓盐酸(优级纯)、稀盐酸溶液 1 $mol \cdot L^{-1}$。

(4)纯水、去离子水或重蒸馏水。

(5)标准溶液配制。首先配成 1000 $\mu g \cdot mL^{-1}$ 储备液，然后钙稀释成 100 $\mu g \cdot mL^{-1}$，镁稀释成 50 $\mu g \cdot mL^{-1}$ 使用液。

四、实验步骤

1. 配制标准溶液系列

(1)钙标准溶液系列。准确吸取 2.00、4.00、6.00、8.00、10.00 mL 上述钙标准使用液(100 $\mu g \cdot mL^{-1}$),分别置于 5 只 50 mL 容量瓶中,用水稀释至刻度,摇匀备用。该标准溶液系列钙的浓度分别为 4.00、8.00、12.00、16.00、20.00 $\mu g \cdot mL^{-1}$。

(2)镁标准溶液系列。准确吸取 1.00、2.00、3.00、4.00、5.00 mL 上述镁标准使用液,分别置于 5 只 50 mL 容量瓶中,用水稀释至刻度,摇匀备用。该标准溶液系列镁的浓度分别为 1.0、2.0、3.0、4.0、5.0 $\mu g \cdot mL^{-1}$。

2. 配制自来水样溶液

准确吸取适量(视未知钙、镁的浓度而定)自来水置于 50 mL 容量瓶中,用水稀释至刻度,摇匀。

3. 测定溶液吸光度

根据实验条件,将原子吸收分光光度计按仪器操作步骤进行调节,待仪器电路和气路系统达到稳定,记录仪基线平直时,即可进样。测定各标准难溶系列溶液的吸光度。

4. 测定钙、镁吸光度

在相同的实验条件下,分别测定自来水样溶液中钙、镁的吸光度。

五、数据处理

1. 记录实验条件

(1)仪器型号。

(2)吸收线波长(nm)。

(3)空心阴极灯电流(mA)。

(4)狭缝宽度(mm)。

(5)燃烧器高度(mm)。

(6)乙炔流量($L \cdot min^{-1}$)。

(7)空气流量($L \cdot min^{-1}$)。

(8)乙炔与空气的燃助比。

2. 记录吸光度,绘制标准曲线

列表记录测量钙、镁标准溶液系列溶液的吸光度(A),然后以吸光度为纵坐标，标准溶液系列浓度为横坐标绘制标准曲线。

3. **计算钙、镁的含量**

测量自来水样溶液的吸光度(A)，然后在上述标准曲线上查得水样中钙、镁的浓度($\mu g \cdot mL^{-1}$)。若经稀释需乘上相应倍数求得原始自来水中钙、镁含量。或将数据输入计算机，以一元线性回归计算程序计算钙、镁的含量。

六、问题与讨论

(1)简述原子吸收分光光度分析的基本原理。

(2)原子吸收分光光度分析为何要用待测元素的空心阴极灯作光源？能否用氘灯或钨灯代替？为什么？

(3)如何选择最佳的实验条件？

实验二　啤酒中微量铅含量的测定

一、实验目的

(1)掌握石墨炉原子吸收法测定食品中微量铅含量的原理和方法。

(2)掌握液体样品前处理方法。

二、实验原理

样品经消化后，导入原子吸收分光光度计中，经石墨炉原子化后，吸收波长283.3 nm的共振线，其吸收量和铅含量成正比，与标准系列比较定量。

三、仪器与试剂

1. **仪器**

所用玻璃仪器均需以硝酸(1：5)浸泡过夜，用水反复冲洗，最后用二次蒸馏水冲洗干净。原子吸收分光光度计(TAS-990型，北京普析通用仪器有限责任公司)、热解涂层石墨管、铅空心阴极灯，根据各自性能调至最佳状态。测定条件波长为283.3 nm，狭缝为0.2～1.0 nm，灯电流为3.0 mA，预热电流为2.0 mA，原子化器位置为1.0 nm，负高压为329 V。干燥温度120 ℃，升温15 s，保持10 s；灰化温度600 ℃，升温5 s，保持15 s；原子化温度2000 ℃，持续3 s，净化温度2100 ℃，升温 1 s，保持 1 s。石墨炉冷却时间 30 s。样品进样量 50 μL。

2. 试剂

(1)混合酸：硝酸+高氯酸(5：1)。

(2)硝酸(0.5 mol·L^{-1})。

(3)铅标准储备液：称取 0.1599 g $Pb(NO_3)_2$(纯度不小于 99.5%)，加适量(1：1)硝酸使之溶解，移入 1000 mL 容量瓶中，以 0.5 mol·L^{-1}盐酸定容至刻度，贮存于塑料瓶内，冰箱内保存。此溶液每毫升含铅 100.0 μg。

(4)铅标准使用液：取上述铅标准储备液 10.0 mL 置于 500 mL 容量瓶中，用水稀释至刻度，此溶液含铅 2.0 μg/mL。

四、操作步骤

1. 标准曲线绘制

向 7 只 50 mL 容量瓶中分别加入 0.00、0.20、0.25、0.50、1.00、1.50、2.00、2.50、3.00 mL 铅的标准使用液，以 0.5mol·L^{-1}硝酸稀释至刻度线，摇匀，配成浓度分别为 0.00、8.00、10.00、20.00、40.00、60.00、80.00 μg/L 的铅标准溶液。

用石墨炉原子吸收分光光度计测定以上各浓度的铅标准溶液的吸光度，以浓度为横坐标、吸光度为纵坐标绘制标准曲线。

2. 样品处理

吸取均匀样品 10～20 mL 于 150 mL 的三角烧瓶中，放入几粒玻璃珠，于电热板上小火加热除去酒精和二氧化碳，然后加入 20 mL 混合酸，于电热板上加热至颜色由深变浅，至无色透明冒白烟时取下，放冷以后加入 10 mL 水继续加热至酸冒白烟为止。冷却以后用去离子水洗至 25 mL 的刻度吸管中，同时做试剂空白。

3. 样品测试

将铅标准溶液、试剂空白和处理好的样品溶液分别导入石墨炉原子化器进行测定。记录其对应的吸光度，与标准曲线比较定量。

五、数据处理

测量啤酒中铅的吸光度(A)，然后在上述标准曲线上查得水样中铅的浓度。若经稀释需乘上相应倍数求得原始啤酒中铅含量。或将数据输入计算机，以一元线性回归计算程序计算铅的含量。

第六章 原子发射光谱分析

第一节 原子发射光谱分析的基本原理

原子发射光谱法(AES),是依据各种元素的原子或离子在热激发或电激发下,发射特征的电磁辐射,而进行元素的定性与定量分析的方法,是光谱学各个分支中最为古老的一种。

一般认为原子发射光谱是1860年德国学者基尔霍夫和本生首先发现的,他们利用分光镜研究盐和盐溶液在火焰中加热时所产生的特征光辐射,从而发现了Rb和Cs两元素。其实在更早时候,1826年塔尔博特就说明某些波长的光线是表征某些元素的特征。从此以后,原子发射光谱就为人们所注意。

在发现原子发射光谱以后的许多年中,其发展很缓慢,主要是因为当时对有关物质痕量分析技术的要求并不迫切。到了20世纪30年代,人们已经注意到了某些浓度很低的物质,对改变金属、半导体的性质,对生物的生理作用,对诸如催化剂及其毒化剂的作用等是极为显著的,而且地质、矿产业的发展,对痕量分析有了迫切的需求,这促使AES迅速的发展并成为仪器分析中一种很重要的、应用很广的方法。到50年代末、60年代初,由于原子吸收分析法(AAS)的崛起,AES中的一些缺点,显得它比AAS有所逊色,出现了一种AAS欲取代AES的趋势。到70年代以后,由于新的激发光源如ICP、激光等的应用,以及新的进样方式的出现和先进的电子技术的应用,使古老的AES分析技术得到复苏,注入新的活力,现在它仍然是仪器分析中的重要分析方法之一。

一、原子光谱的产生

原子发射光谱分析是根据原子所发射的光谱来测定物质的化学组分的。不同物质由不同元素的原子所组成,而原子都包含着一个结构紧密的原子核,核外围绕着不断运动的电子。每个电子处于一定的能级上,具有一定的能量。在正常的情况下,原子处于稳定状态,它的能量是最低的,这种状态称为基态。但当原子受到能量(如热能、电能等)的作用时,原子由于与高速运动的气态粒子和电子相互碰撞而获得了能量,使原子中外层的电子从基态跃迁到更高的能级上,处在这种状态的原子称激发态。电子从基态跃迁至激发态所需的能量称为激发电位，当外加的能量足够大时，原子中的电子脱离原子核的束缚力，使原子成为离子，这种过程称为电离。原子失去一个电子成为离子时所需要的能量称为一级电离电位。离子中的外层电子也能被激发，其所需的能量即为相应离子的激发电位。

处于激发态的原子是十分不稳定的，在极短的时间内便跃迁至基态或其他较低的能级上。当原子从较高能级跃迁到基态或其他较低的能级的过程中，将释放出多余的能量，这种能量是以一定波长的电磁波的形式辐射出去的，其辐射的能量可用下式表示

$$\Delta E = E_2 - E_1 = h\nu = hc/\lambda$$

式中：E_2、E_1 分别为高能级、低能级的能量；h 为普朗克常数；ν 及 λ 分别为所发射电磁波的频率及波长；c 为光在真空中的速度。

每一条所发射的谱线的波长，取决于跃迁前后两个能级之差。由于原子的能级很多，原子在被激发后，其外层电子可有不同的跃迁，但这些跃迁应遵循一定的规则（即"光谱选律"），因此对特定元素的原子可产生一系列不同波长的特征光谱线，这些谱线按一定的顺序排列，并保持一定的强度比例。

光谱分析就是从识别这些元素的特征光谱来鉴别元素的存在（定性分析），而这些光谱线的强度又与试样中该元素的含量有关，因此又可利用这些谱线的强度来测定元素的含量（定量分析）。这就是发射光谱分析的基本依据。

由此可以明确如下几个问题。

（1）原子中外层电子（称为价电子或光电子）的能量分布是量子化的，所以 ΔE 的值不是连续的，则 ν 或 λ 也是不连续的，因此，原子光谱是线光谱。

（2）同一原子中，电子能级很多，有各种不同的能级跃迁，所以有各种 ΔE 不同的值，即可以发射出许多不同 ν 或 λ 的辐射线。但跃迁要遵循"光谱选律"，不是任何能级之间都能发生跃迁。

（3）不同元素的原子具有不同的能级构成，ΔE 不一样，所以 ν 或 λ 也不同，各种元素都有其特征的光谱线，从识别各元素的特征光谱线可以鉴定样品中元素的存在，这就是光谱定性分析。

（4）元素特征谱线的强度与样品中该元素的含量有确定的关系，所以可通过测定谱线的强度确定元素在样品中的含量，这就是光谱定量分析。

二、发射光谱分析的过程

1. 试样的处理

要根据进样方式的不同进行处理：做成粉末或溶液等，有些时候还要进行必要

的分离或富集。

2. **样品的激发**

把试样在能量的作用下蒸发、原子化(转变成气态原子),并使气态原子的外层电子激发至高能态。当从较高的能级跃迁到较低的能级时,原子将释放出多余的能量而发射出特征谱线。这一过程称为蒸发、原子化和激发,需借助于激发光源来实现。

3. **光谱的获得和记录**

把原子所产生的辐射进行色散分光,按波长顺序记录在感光板上,就可呈现出有规则的光谱线条,即光谱图。可借助于摄谱仪器的分光和检测装置来实现。

4. **光谱的检测**

根据所得光谱图进行定性鉴定或定量分析。由于不同元素的原子结构不同,当被激发后发射光谱线的波长不尽相同,即每种元素都有其特征的波长,故根据这些元素的特征光谱就可以准确无误地鉴别元素的存在(定性分析),而这些光谱线的强度又与试样中该元素的含量有关,因此又可利用这些谱线的强度来测定元素的含量(定量分析)。

第二节　光谱分析仪器

进行光谱分析的仪器设备如图 6.1 所示,主要由光源、分光系统(光谱仪)及检测器三部分组成。

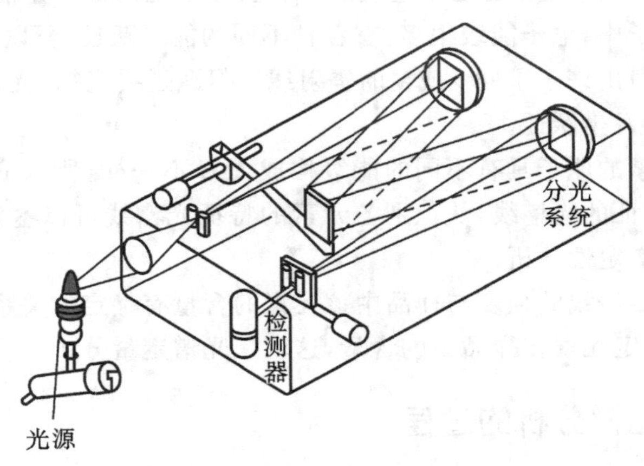

图 6.1　原子发射光谱仪原理图

一、光源

光源的作用：首先，把试样中的组分蒸发离解为气态原子，然后使这些气态原子激发，使之产生特征光谱。因此光源的主要作用是提供试样蒸发、原子化和激发所需的能量。

目前常用的光源类型有直流电弧、交流电弧、电火花及电感耦合高频等离子体(ICP)。

1.直流电弧

直流电弧发生器的基本电路如图6.2所示。

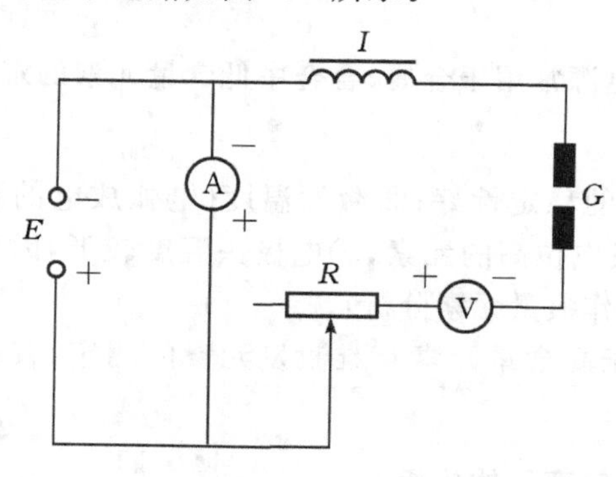

图6.2　直流电弧发生器

利用直流电作为激发能源。常用电压为150～380 V，电流为5～30 A。可变电阻(称作镇流电阻)用以稳定和调节电流的大小，电感(有铁心)用来减小电流的波动。G为放电间隙。点弧时，先将G的两个电极接触使之通电，由于通电时接触点的电阻很大而发热，点燃电弧。然后将两电极拉开，使之相距4～6 mm。此时，炽热阴极尖端就会发射出热的电子流，热电子流在电场的作用下，以很大的速度奔向G的阳极，当阳极受到高速电子的轰击时，产生高热，使试样物质从电极表面蒸发出来，变成蒸气，蒸发的原子因与电子碰撞，电离成正离子，并以高速运动冲击阴极。于是，电子、原子、离子在分析间隙互相碰撞，交换能量，引起试样原子激发，发射出光谱线。

(1)特点：①阳极温度(蒸发温度)可达3800 K，阴极温度小于3000 K，电极头(阳极)温度高(与其他光源比较)，蒸发能力强，分析的绝对灵敏度高，适用于难挥发试样的分析；②电弧温度(激发温度)，一般可达4000～7000 K，激发温度不高，尚难以激发电离电位高的元素。

(2)缺点:①放电不稳定,弧光游移不定,再现性差;②弧层较厚,自吸现象严重。

2. 交流电弧

高压电弧工作电压达 2000～4000 V,可以利用高电压把弧隙击穿而燃烧,低压交流电弧工作电压一般为 110～220 V(应用较多,设备简单安全),必须采用高频引燃装置引燃。

(1)特点。交流电弧是介于直流电弧和电火花之间的一种光源,与直流电弧相比,交流电弧的电极头温度稍低一些,蒸发温度稍低一些(灵敏度稍差一些),但由于有控制放电装置,故电弧较稳定。因而广泛应用于光谱定性、定量分析,但灵敏度较差些。

(2)用途。这种电源常用于金属、合金中低含量元素的定量分析。

3. 高压火花

(1)特点:①放电的稳定性好;②激发温度(电弧放电的瞬间温度)高,可高达 10000 K 以上,可激发电位高的元素;③电极头温度较低,因而试样的蒸发能力较差(灵敏度较差,不宜作痕量元素分析)。

(2)应用。适用于高含量元素及难激发元素的测定,较适合于分析低熔点的试样。

4. 电感耦合高频等离子体焰炬

ICP 光源是上世纪 60 年代提出、70 年代获得迅速发展的一种新型的激发光源。被认为是最有发展前途的光源之一,目前已在实际中得到广泛应用。

(1)等离子体:等离子体是一种电离度大于 0.1%的电离气体,由电子、离子、原子和分子所组成,其中电子数目和离子数目基本相等,整体呈现中性。

最常用的等离子体光源是直流等离子焰(DCP)、电感耦合高频等离子炬(ICP)、容耦微波等离子炬(CMP)和微波诱导等离子体(MIP)等。

(2)结构。如图 6.3 所示,ICP 由三部分组成:高频发生器和高频感应线圈,炬管和供气系统,雾化器及试样引入系统。

炬管由三层同轴石英管组成,最外层石英管通冷却气(Ar 气),沿切线方向引入,并螺旋上升,其作用:将等离子体吹离外层石英管的内壁,可保护石英管不被烧毁;同时,这部分 Ar 气同时也参与放电过程。中层石英管通入工作气体(Ar 气),起维持等离子体的作用。内层石英管内径为 1～2 mm 左右,以 Ar 为载气,把经过雾化器的试样溶液以气溶胶形式引入等离子体中。

三层同轴石英炬管放在高频感应线圈内,感应线圈与高频发生器连接。

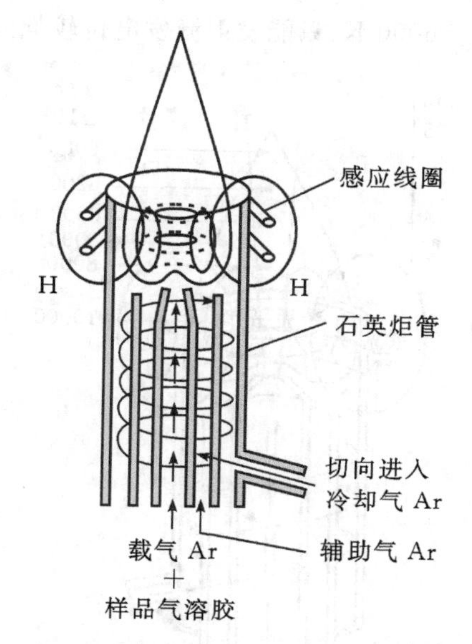

图 6.3 电感耦合高频等离子体光源示意图

(3)工作原理。

当感应线圈与高频发生器接通时,高频电流流过负载线圈,并在炬管的轴线方向产生一个高频磁场。若用电火花引燃,管内气体就会有少量电离,电离出来的正离子和电子因受高频磁场的作用而被加速,当其运动途中,与其他分子碰撞时,产生碰撞电离,电子和离子的数目就会急剧增加。此时,在气体中形成能量很大的环形涡流(垂直于管轴方向),这个几百安培的环形涡流瞬间就使气体加热到近万摄氏度的高温。然后试样气溶胶由喷嘴喷入等离子体中进行蒸发、原子化和激发。

(4)ICP 特点。

①工作温度高:在等离子体焰核处,可达 10000 K,中央通道的温度达 6000～8000 K,且又在惰性气体气氛条件下,有利于难熔化合物的分解和难激发元素的激发,因此对大多数元素有很高的灵敏度。ICP 火焰温度分布图如图 6.4 所示。

ICP 火焰分为以下几个部分。焰心区:感应线圈区域内,白色不透明的焰心,高频电流形成的涡流区,温度最高达 10000 K,电子密度高。它发射很强的连续光谱,光谱分析应避开这个区域。试样气溶胶在此区域被预热、蒸发,又叫预热区。内焰区:在感应圈上 10～20 mm 处,淡蓝色半透明的炬焰,温度约为 6000～8000 K。试样在此原子化、激发,然后发射很强的原子线和离子线。这是光谱分析所利用的区域,称为测光区。测光时在感应线圈上的高度称为观测高度。尾焰区:在内焰区上方，无色透明，温度低于 6000 K，只能发射激发电位较低的谱线。

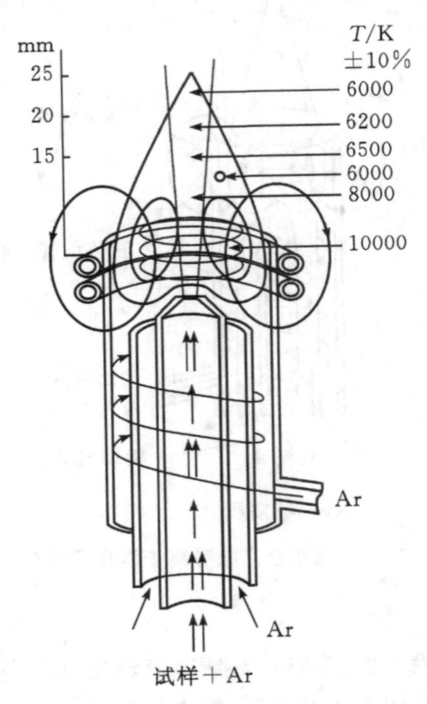

图 6.4　ICP 火焰温度分布

②电感耦合高频等离子炬的外观与火焰相似，但它的结构与火焰绝然不同，是涡流态的，同时，由于高频感应电流的趋肤效应，而形成环流。所谓趋肤效应是指高频电流密度在导体截面不呈均匀分布，而是集中在导体表面的现象。这样，电感耦合高频等离子炬就必然具有环状的结构。这种环状的结构造成一个电学屏蔽的中心通道。等离子体外层电流密度大，温度高，中心电流密度最小，温度最低，这样，中心通道进样，不影响等离子体的稳定性，同时不会产生谱线吸收现象。因此 ICP－AES 具有线性范围宽(4～5 个数量级)的特点。

③由于电子密度很高，测定碱金属时，电离干扰很小。

④ICP 是无极放电，没有电极污染。

⑤ICP 的载气流速很低(通常 0.5～2 L/min)，这有利于试样在中央通道中充分激发，而且耗样量也少。试样气溶胶在高温焰心区经历较长时间加热，在测光区平均停留时间长。这样的高温与长的平均停留时间使样品充分原子化，并有效地消除了化学的干扰。

⑤ICP 以 Ar 为工作气体，由此产生的光谱背景干扰较少。

可见，ICP－AES具有灵敏度高，检测限低（10^{-9}～10^{-11} g/L），精密度好（相对标准偏差一般为0.5%～2%），工作曲线线性范围宽等优点，因此，同一份试液可用于从宏量至痕量元素的分析，试样中基体和共存元素的干扰小，甚至可以用一条工作曲线测定不同基体的试样中的同一元素。这就为光电直读式光谱仪提供了一个理想的光源。ICP也是当前发射光谱分析中发展迅速、极受重视的一种新型光源。ICP－AES系统框图如图6.5所示。

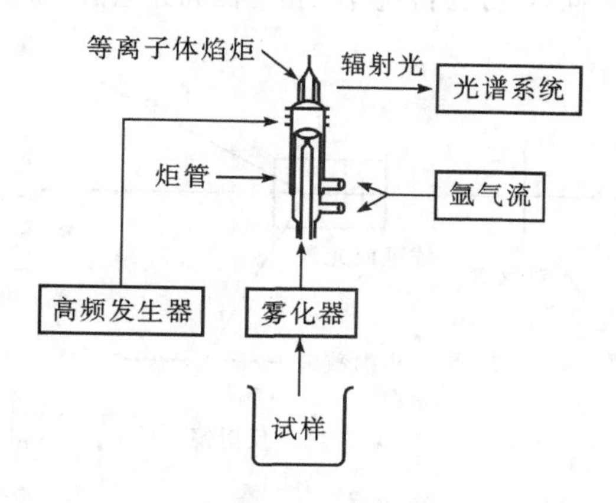

图6.5　ICP－AES系统框图

几种常见光源的性质和应用如表6.1所示。

表6.1　几种常见光源的性质和应用

光源	蒸发温度/K	激发温度/K	放电稳定性	用途
火焰	低	1000～5000	好	溶液、碱金属、碱土金属的定量分析
直流电弧	800～3800	4000～7000	较差	难挥发元素的定性、半定量及低含量杂质的定量分析
交流电弧	比直流电弧低	比直流电弧略高	较好	矿物、低含量金属定性、定量分析
火花	比交流电弧低	10000	好	高含量金属、难激发元素的定量分析
ICP	很高	6000～8000	很好	溶液的定量分析

二、光谱仪

光谱仪的作用是将光源发射的电磁辐射经色散后，得到按波长顺序排列的光谱，并对不同波长的辐射进行检测与记录。

光谱仪按照使用色散元件的不同，分为棱镜光谱仪和光栅光谱仪。按照光谱检测与记录方法的不同，可分为：目视法、摄谱法和光电法，如图 6.6 所示。

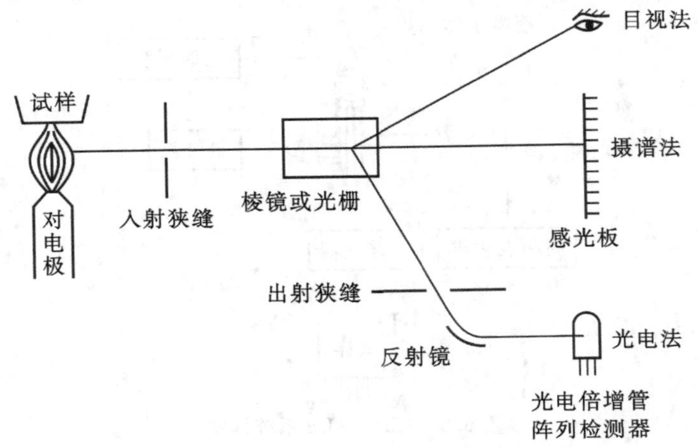

图 6.6　发射光谱分析的目视法、摄谱法、光电法

1. 目视法

用眼睛来观测谱线强度的方法称为目视法（看谱法）。这种方法仅适用于可见光波段。常用的仪器为看谱镜。看谱镜是一种小型的光谱仪，专门用于钢铁及有色金属的半定量分析。

2. 摄谱法

摄谱法是 AES 中最常用、最普遍的一种方法，它用照相的方法把光谱记录在感光板上，即将光谱感光板置于摄谱仪焦面上，接受被分析试样的光谱作用而感光，再经过显影、定影等过程后，制得光谱底片，其上有许多黑度不同的光谱线。然后用映谱仪观察谱线位置及大致强度，进行光谱定性及半定量分析。用测微光度计测量谱线的黑度，进行光谱定量分析。

3. 光电法

光电法用光电倍增管检测谱线强度。

过去摄谱法应用最广泛，但近年来，由于光二极管阵列检测器的出现，使光电法也得到快速发展。

实验一　原子发射光谱实验——光谱定性分析

一、实验目的

学会使用元素发射光谱图和投影仪来确定未知样品中所含的各种元素，并学会估计主要成分、大量成分和微量成分。

二、实验原理

由于各种元素的原子结构不同，在光源的激发作用下，试样中每种元素都发射自己的特征光谱。试样中所含元素只要达到一定的含量，都可以有谱线摄谱在感光板上。摄谱法操作简单，价格便宜。它是目前进行元素定性检出的最好方法。

每种元素发射的特征谱线有多有少(多的可达几千条)。当进行定性分析时，只须检出几条谱线即可。进行分析时所使用的谱线称为分析线。如果只见到某元素的一条谱线，不可断定该元素确实存在于试样中，因为有可能是其他元素谱线的干扰。

检出某元素是否存在必须有两条以上不受干扰的最后线与灵敏线。灵敏线是元素激发电位低、强度较大的谱线。最后线是指当样品中某元素的含量逐渐减少时，最后仍能观察到的几条谱线，它也是该元素的最灵敏线。

本实验我们采用目前最通用的铁光谱比较法，它采用铁的光谱作为波长的标尺，来判断其他元素的谱线。铁光谱作标尺有如下特点。

(1)谱线多。在210～660 nm范围内有几千条谱线。

(2)谱线间距离都很近。

(3)在上述波长范围内均匀分布。对每一条谱线波长，人们都已进行了精确的测量。在实验室中有标准光谱图对照进行分析。标准光谱图是在相同条件下，在铁光谱上方准确地绘出68种元素的逐条谱线并放大20倍的图片。铁光谱比较法实际上是与标准光谱图进行比较，因此又称为标准光谱图比较法。在进行分析工作时将试样与纯铁在完全相同条件下并列并且紧挨着摄谱，摄得的谱片置于映谱仪(放大仪)上；谱片也放大20倍，再与标准光谱图进行比较。

比较时首先须将谱片上的铁谱与标准光谱图上的铁谱对准，然后检查试样中的元素谱线。若试样中的元素谱线与标准图谱中标明的某一元素谱线出现的波长位置相同，即为该元素的谱线。

理论上判断某一元素是否存在，必须由其灵敏线决定。但是鉴于教学实验条件和时间限制，我们主要依据在某一波段范围内元素谱线出现的概率和光谱强度定性作估计。一般只有在光谱中出现两根以上明显的分析线时，才能确定元素的存在。

三、实验内容

(1)将上一次实验所获得的光谱图置于投影仪，调节投影仪，看到清晰的放大20倍的像。熟悉投影仪的使用方法。

(2)根据铁谱特征或中光波长数，将标准谱图与拍摄的光谱图对好，使铁谱线分别对应重合。

(3)对拍摄的光谱进行全分析。

(4)确定待测样品中所含的元素，并估计出主要成分、大量成分、微量成分。

(5)关机并整理。

附录 6.1　原子能级与能级图

原子光谱是由于原子的外层电子（或称价电子）在两个能级之间跃迁而产生的。原子的能级通常用光谱项符号表示：$n^{2s+1}L_J$ 核外电子在原子中存在运动状态，可以用四个量子数 n、l、m、m_S 来规定。主量子数 n 决定电子的能量和电子离核的远近。角量子数 l 决定电子角动量的大小及电子轨道的形状，在多电子原子中也影响电子的能量。磁量子数 m 决定磁场中电子轨道在空间的伸展方向不同时电子运动角动量分量的大小。自旋量子数 m_S 决定电子自旋的方向。四个量子数的取值：

$n=1,2,3,\cdots,n$；

$l=0,1,2,\cdots,(n-1)$，相应的符号为 s,p,d,f；

$m=0,1,2,\cdots,\pm l$；

$m_S=\pm 1/2$。

有多个价电子的原子，它的每一个价电子都可能跃迁而产生光谱。同时各个价电子间还存在相互作用，光谱项用 n、L、S、J 四个量子数描述。n 为主量子数；L 为总角量子数，其数值为外层价电子角量子数 l 的矢量和。两个价电子耦合所得的总角量子数 L 与单个价电子的角量子数 l_1、l_2 有如下的关系：

$$L=(l_1+l_2),(l_1+l_2-1),(l_1+l_2-2),\cdots,|l_1-l_2|$$

其值可能：$L=0,1,2,3,\cdots$，相应的谱项符号为 S,P,D,F,…，若价电子数为 3 时，应先把 2 个价电子的角量子数的矢量和求出后，再与第三个价电子求出其矢量和，就是 3 个价电子的总角量子数。

S 为总自旋量子数，自旋与自旋之间的作用也较强，多个价电子总自旋量子数是单个价电子自旋量子数 m_S 的矢量和。其值可取 $0, \pm 1/2, \pm 1, \pm 3/2, \cdots$。$J$ 为内量子数，是由于轨道运动与自旋运动的相互作用即轨道磁矩与自旋量子数的相互影响而得出的，它是原子中各个价电子组合得到的总角量子数 L 与总自旋量子数 S 的矢量和。

$$J = L + S$$

J 的求法为

$$J = (L+S), (L+S-1), (L+S-2), \cdots, |L-S|$$

光谱项符号左上角的 $(2S+1)$ 称为光谱项的多重性。

当用光谱项符号 $3S^2_{1/2}$ 表示钠原子的能级时，表示钠原子的电子处于 $n=3$，$L=0$，$S=1/2$，$J=1/2$ 的能级状态，这是钠原子的基本光谱项，$3P^2_{3/2}$ 和 $3P^2_{1/2}$ 是钠原子的两个激发态光谱项符号。

由于一条谱线是原子的外层电子在两个能级之间跃迁产生的，故原子的能级可用两个光谱项符号表示。例如，钠原子的双线可表示为

$$\text{Na } 588.996\text{ nm } 3S^2_{1/2} \rightarrow 3P^2_{3/2}$$

$$\text{Na } 589.593\text{ nm } 3S^2_{1/2} \rightarrow 3P^2_{1/2}$$

根据量子力学的原理，电子的跃迁不能在任意两个能级之间进行，必须遵循一定的“选择定则”，这个定则是：

(1) $\Delta n = 0$ 或任意正整数；

(2) $\Delta L = \pm 1$，跃迁只允许在 S 项和 P 项，P 项和 S 项或 D 项之间，D 项和 P 项或 F 项之间，等；

(3) $\Delta S = 0$，即单重项只能跃迁到单重项，三重项只能跃迁到三重项，等；

(4) $\Delta J = 0, \pm 1$。但当 $J=0$ 时，$\Delta J = 0$ 的跃迁是禁阻的。把原子中所有可能存在状态的光谱项——能级及能级跃迁用图解形式表示出来，称为能级图。

原子谱线表中，罗马数Ⅰ表示中性原子发射光谱的谱线，Ⅱ表示一次电离离子发射的谱线，Ⅲ表示二次电离离子发射的谱线。例如，MgⅠ 285.21 nm 为原子线，MgⅡ 280.27 nm 为一次电离离子线。

附录 6.2 主要元素分析线及可能的干扰范围

附表 6.1 主要元素分析线及可能的干扰范围

元素	波长/Å	碳电弧中的灵敏度/%	干扰线
Fe	3020.64	0.01	
	2599.57	0.001	
	2599.40	0.001	
	2598.85	0.003	
	3018.98	0.1	
	3016.19	0.3	
	2901.92	1.0	
	2904.16	3	
	2866.63	10	
Cu	3273.96I	0.0001	大量 Mn、Ca 存在时谱线变形,0.03%以下用此线 Co3273.93(0.3%),Mo3273.96(0.3%)有干扰
	3247.54I	0.0001	Mn3247.54(0.1%)
	2824.07I	0.03	0.03%以上此线受 Mn 带的影响
	2392.63I	0.3	
	2978.27I	3	
Na	5895.92I	0.0001	
	5889.95I	0.0001	
	3302.32I	0.03	Zn3302.59,Zn3302.94 及 La、Cr 弱线干扰
	3302.99I	0.03	
	2852.83I	0.03	Mg2852.13
	2853.03I	0.03	
	2680.34I	1	
	2680.44I	1	
Pb	2803.07I	0.001	0.01%以下用此线,Mg2802.70(10%)
	2802.10I	0.001	
	2873.32I	0.01	
	2663.17I	0.01	
	2393.79I	0.1	0.01%以上用此线
	2401.95I	1.0	
	2657.11I	5.0	

续表附表 6.1

元素	波长/Å	碳电弧中的灵敏度/%	干扰线
Zn	3345.02I		Mo3344.75(0.1%),Mn3345.35(1%)
	3345.57I	0.01	Ca3345.51(10%)
	3345.93I		Ti3282.33(0.1%)
	3282.33I	0.03	
	3018.35I	1	
	2670.55I	10	

附录 6.3　人体内各种宏量元素和微量元素的标准含量

附表 6.2　人体内各种宏量元素和微量元素的标准含量

元素	人体含量/g	所占体重/%	元素	人体含量/g	所占体重/%
氧 O	45000.0	65.00	钙 Ca	1050.0	1.50
碳 C	12600.0	18.00	磷 P	700.0	1.00
氢 H	7000	10.00	硫 S	175.0	0.25
氮 N	2100.0	3.00	钾 K	140.0	0.20
钠 Na	105.0	0.15	钛 Ti	<0.015	$<2.1\times10^{-5}$
氯 Cl	105.0	0.15	镍 Ni	<0.010	$<1.4\times10^{-5}$
镁 Mg	35.0	0.05	硼 B	<0.010	$<1.4\times10^{-5}$
铁 Fe	4.0	0.0057	铬 Cr	<0.006	$<8.6\times10^{-5}$
锌 Zn	2.300	0.0033	钌 Ru	<0.006	$<8.6\times10^{-5}$
铷 Rb	1.200	0.0017	铊 Tl	<0.006	$<8.6\times10^{-5}$
锶 Sr	0.140	2×10^{-4}	锆 Zr	<0.006	$<8.6\times10^{-5}$
铜 Cu	0.100	1.4×10^{-4}	钼 Mo	<0.005	$<7.0\times10^{-6}$
铝 Al	0.100	1.4×10^{-4}	钴 Co	<0.003	$<4.3\times10^{-6}$
铅 Pb	0.080	1.1×10^{-4}	铍 Be	<0.002	$<3.0\times10^{-6}$
锡 Sn	0.030	4.3×10^{-5}	金 Au	<0.001	$<1.4\times10^{-6}$
碘 I	0.030	4.3×10^{-5}	银 Ag	<0.001	1.4×10^{-6}
镉 Cd	0.030	4.3×10^{-5}	锂 Li	$<9.0\times10^{-4}$	1.3×10^{-6}
锰 Mn	0.020	3.0×10^{-5}	铋 Bi	$<3.0\times10^{-4}$	4.3×10^{-6}
钡 Ba	0.016	2.3×10^{-5}	钒 V	$<10.0\times10^{-4}$	1.4×10^{-6}
砷 As	<0.100	$<4.3\times10^{-4}$	铀 U	$<2.0\times10^{-5}$	3.0×10^{-6}
锑 Sb	<0.090	$<1.3\times10^{-4}$	铯 Cs	$<1.0\times10^{-5}$	1.4×10^{-6}
镧 La	<0.500	$<7.0\times10^{-5}$	镓 Ga	$<2.0\times10^{-6}$	3.0×10^{-6}
铌 Nb	<0.050	$<7.0\times10^{-5}$	镭 Ra	$<10.0\times10^{-10}$	1.4×10^{-6}

实验二　PE DV2100 电感耦合等离子体发射光谱仪分析水中常量金属元素

一、实验目的

(1)了解电感耦合等离子体发射光谱仪(ICP-OES)的工作原理。

(2)掌握 PE DV2100 电感耦合等离子体发射光谱仪的基本结构,掌握该仪器的基本操作方法。

(3)掌握电感耦合等离子体发射光谱仪定性、定量方法。

二、实验原理

电感耦合等离子体原子发射光谱分析是以射频发生器提供的高频能量加到感应耦合线圈上,并将等离子炬管置于该线圈中心,因而在炬管中产生高频电磁场,用微电火花引燃,使通入炬管中的氩气电离,产生电子和离子而导电,导电的气体受高频电磁场作用,形成与耦合线圈同心的涡流区,强大的电流产生高热,从而形成火炬形状的并可以自持的等离子体,由于高频电流的趋肤效应及内管载气的作用,使等离子体呈环状结构。

如图 6.7 所示,样品由载气(氩)带入雾化系统进行雾化后,以气溶胶形式进入等离子体的轴向通道,在高温和惰性气氛中被充分蒸发、原子化、电离和激发,发射出所含元素的特征谱线。根据特征谱线的存在与否,鉴别样品中是否含有某种元素;根据特征谱线强度确定样品中相应元素的含量。

使用 ICP-OES 时,大多数元素的方法检出限(MDL)为几十纳克,校准曲线的线性范围较宽,可进行多元素同时或顺序测定。

三、仪器与试剂

1. 仪器

电感耦合等离子发射光谱仪主机及附属设备 PE DV2100。

2. 试剂

(1)去离子水、优级纯硝酸。

(2)含有 24 种元素(As、Al、Ba、Be、Bi、B、Cd、Ca、Cr、Co、Cu、Fe、Pb、Li、Mg、

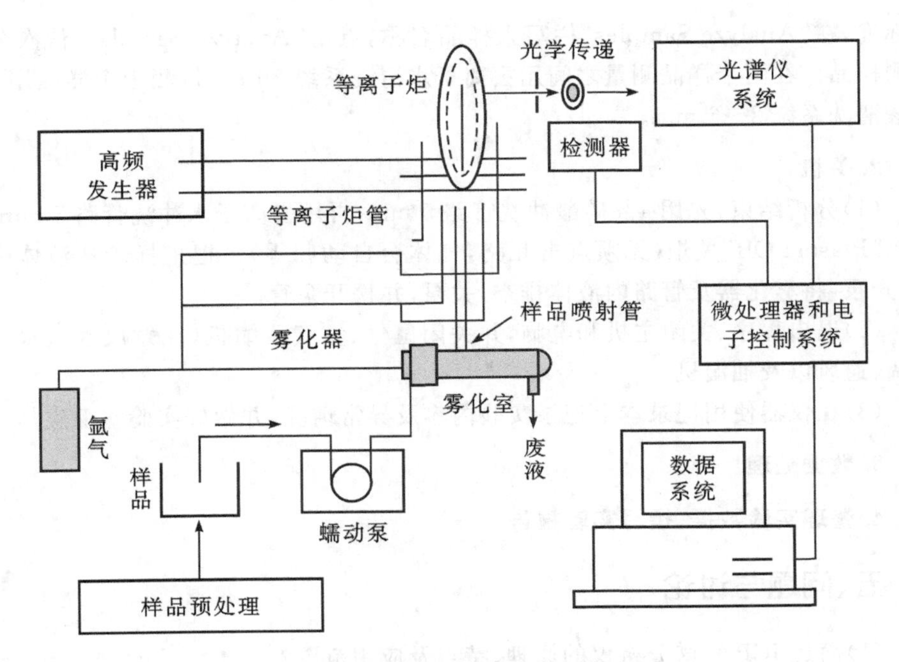

图 6.7 ICP-OES 结构简图及工作流程

Mn、Ni、P、K、Se、Na、Sr、V、Zn)的混标溶液 1～10 mg/L。

四、实验步骤

1. **开机**

(1)开机条件为温度适宜，相对湿度<60%。

(2)打开通风设备、空压机，打开氩气钢瓶总阀门，检查分压阀，使压力在 0.55～0.8 MPa 之间，打开循环冷却水，确定电、气、水正常运行，开启主机。

(3)打开电脑，开启工作软件 WinLab32，系统自动自检。

(4)点击软件“Plasma Control”快捷键，点击“Pump”开泵冲洗系统，待观察到正常的进、出水后依次点击 Plas、Aux、Neb 开各路氩气，没有异常情况按“Plasma On”点炬，进行温度补偿校正。

(5)点击快捷键“Wrkspc”，打开一个工作界面“Auto. frn”，点击“method”快捷键，建立所需分析方法。在 Spectrometer、Sampler、Process、Calibration 各页上选择合适的分析条件(标准曲线各浓度点、浓度值等)，设置完毕保存方法。

(6)在“Manual Analysis Control”卡上填上保存测试结果的文件名保存数据。

(7)先点击“Analyze Blank”分析空白，分析完毕后点击“Analyze Standard”分

析标准，在“Analyze Samples”栏写入样品名称，点击“Analyze Samples”依次分析待测样品。在两个样品测量之间用去离子水清洗系统 30 s。每测十个样品用 4% 硝酸清洗系统 2～3 min。

2. 关机

(1)分析结束，先用 4%硝酸冲洗管路 5 min，再用去离子水冲洗管路 5 min，然后按“Plasma Off”关炬(无须点击几路，气体会自动归零)。把进样管从液体中取出，开泵，将雾化器及管路内液体排空，关泵，并松开泵管。

(2)退出程序、关闭主机和电脑，并关闭氩气、空气压缩机(注意放水)、水、电、空调、通风以及抽湿机。

(3)在仪器使用记录本上记录实验内容及异常情况，并做好实验室卫生。

3. 数据处理

4. 整理实验数据、撰写实验报告

五、问题与讨论

(1)简述 ICP 光谱分析仪的原理、特点及应用范围？

(2)电感耦合等离子体发射光谱仪由哪几部分组成，其主要功能分别是什么？

(3)为什么要使用标准空白？何时需要分析试剂空白？

(4)ICP 光谱仪定性、定量的依据是什么？

实验三　Agilent 720ES 电感耦合等离子体发射光谱仪分析水中重金属元素

一、实验目的

(1)掌握 Agilent 720ES 电感耦合等离子体发射光谱仪的基本结构，掌握该仪器的基本操作方法。

(2)掌握等离子体原子发射光谱分析仪对样品的要求，了解样品预处理方法。

(3)掌握等离子体发射光谱仪的基本操作及软件基本功能。

二、仪器与试剂

1. 仪器

电感耦合等离子发射光谱仪主机及附属设备：Agilent 720ES(见图 6.8)。

图 6.8 Agilent 720ES 外观图

2. 试剂

(1)去离子水、优级纯硝酸。

(2)含有 24 种元素(As、Al、Ba、Be、Bi、B、Cd、Ca、Cr、Co、Cu、Fe、Pb、Li、Mg、Mn、Ni、P、K、Se、Na、Sr、V、Zn)的混标溶液 1～10 mg/L。

三、实验步骤

1. 热启动

(1)启动条件为温度适宜，相对湿度小于 60%。

(2)打开通风设备，打开氩气钢瓶总阀门，检查分压阀，使压力在 0.55～0.8 MPa之间，打开循环冷却水，确定电、气、水正常运行。

(3)打开计算机及显示器，点击“ICP Expert”进入操作系统，氩气吹扫检测器开始自检，约 20 min。

(4)安装好进样管路和排废液管路，检查并确保废液管路和废液桶连接正常。

2. 点燃等离子体

注意：请务必遵循以下步骤。

(1)待屏幕右下方进度条消失，打开循环冷却水，佩尔捷(peltier)开始降温，

1～2 min后温度已降至－35 ℃左右。

(2)开启高压电源开关,该开关位于仪器背面靠墙角处。

(3)将等离子体点着,点火过程需 1～2 min。点火后建议让仪器稳定 10 min 左右开始分析,在此期间可以创建方法。

3. 建立工作表格进行样品分析

(1)初次使用请在 D 盘 data 文件夹下创建个人文件夹。

(2)点击工作表格图表进入工作表格界面,新建工作表格,选择定量分析模式,然后选择合适的路径,输入名称并保存(建议以日期为标识保存在各自的文件夹中)。工作表格包括方法、顺序和分析三部分。

(3)“方法编辑”主要进行分析元素及标线的设定。

(4)进入“序列编辑”,选择样品源为手动,点击顺序编辑器,输入样品计数并更新相关信息。

(5)进入分析界面,开始分析,分析完毕自动显示分析结果。样品和样品之间请用蒸馏水清洗管路,含盐量高的样品请用稀硝酸清洗管路。

4. 关机

(1)分析结束,先用 4% HNO_3 冲洗管路 5 min,再用去离子水冲洗管路 5 min,然后关炬。把进样管从液体中取出,开泵,将雾化器及管路内液体排空,关泵,并松开泵管。

(2)关炬 3～5 min 后关闭循环冷却水、软件、主机和电脑,5～6 min 后关闭 Ar。

(3)根据需要关闭空调、通风、抽湿机、电灯等设备。

(4)在仪器使用记录本上记录实验内容及异常情况,并做好实验室卫生。

四、问题与讨论

(1)水样中有机物含量较高应如何进行预处理?

(2)水样中含有颗粒物时应如何进行预处理?

(3)试比较 PE DV2100 和 Agilent 720ES 两台电感耦合等离子体发射光谱仪的异同。

第七章　电位分析法

第一节　电化学分析法概要

一、电化学分析

电化学分析是仪器分析的一个重要分支，是建立在溶液电化学性质基础上的一类分析方法，或者说利用物质在其溶液中的电化学性质及其变化规律进行分析的一类方法。电化学性质是指溶液的电学性质（如电导、电量、电流、电位等）与化学性质（如溶液的组成、浓度、形态及某些化学变化等）之间的关系。

运用电化学的基本原理和实验技术研究物质的组成，分析待测物质的性质、成分及含量，从而产生了各种电化学分析方法，称为电化学分析，或泛称电分析化学。该方法通常是使待分析的试样溶液构成一个化学电池（原电池或电解池），通过测量所组成电池的某些物理量（与待测物质有定量关系）来确定物质的量。

二、电化学分析法的分类

根据测量电学参数的不同，电化学分析法可分为以下几种。

（1）电解分析法和库仑分析法：测量电解过程中消耗的电量。

（2）电导分析法：测量试液电导。

（3）电位分析法：测量电池电势或电极电位。

（4）电流分析法：测量电解过程中的电流。如测量电流随电位变化的曲线，则为伏安法，而其中使用滴汞电极的方法称为极谱分析法。

三、电化学分析中的基本概念和术语

无论是哪种电化学方法，总是将待测溶液作为化学电池的一个部分进行分析的。因此，化学电池的理论也就是电化学分析的理论基础，是学习电化学分析必须具备的基础知识。

1. **电化学分析法的理论基础——化学电池**

(1)原电池。

电极反应能够自发进行并产生电流，将化学能转化为电能的装置称为原电池。以铜银原电池为例，其组成如图 7.1 所示。它是将一块 Ag 浸入 $AgNO_3$ 溶液中，一块 Cu 浸入 $CuSO_4$ 溶液中，$AgNO_3$ 与 $CuSO_4$ 之间用盐桥隔开。这种电池存在着液体与液体的接界面，故称为有液体接界电池。如果两支组成电极的金属浸入同一个电解质溶液，构成的电池称为无液体接界电极。如果两金属分别浸入不同电解质，而两溶液用半透膜或烧结玻璃隔开，或用盐桥连接，构成的电池称为液体接界电池。

当电池工作时，电流通过电池的内、外部，构成回路。外部电路是金属导体，移动的是荷负电的电子。电池内部是电解质溶液，移动的分别是荷正、负电的离子。电流要通过整个回路，必须在两电极的金属/溶液界面上发生电子跃迁的氧化-还原电极反应，即离子从电极上取得电子或将电子交于电极。

若用导线将 Cu 极与 Ag 极接通，则有电流由 Ag 极流向 Cu 极(电子流动方向相反)，发生化学能转变成电能的过程，形成自发电池。

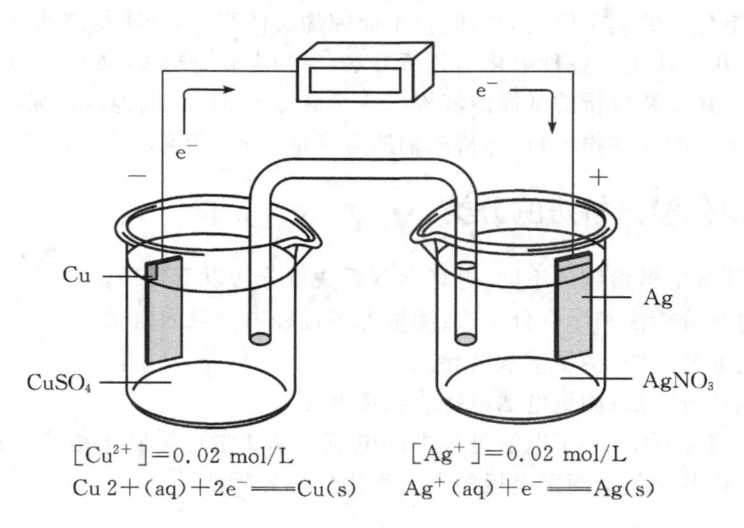

图 7.1 原电池示意图

Cu 极：　　$Cu = Cu^{2+} + 2e^-$(电子由外电路流向 Ag 极)

Ag 极：　　$Ag^+ + e^- = Ag$

电池反应：　$Cu + 2Ag^+ = 2Ag + Cu^{2+}$(反应自发进行)

为了维持溶液中各部分保持电中性，盐桥中 Cl^- 向左移动，K^+ 向右移动。

任何电池都有两个电极。电化学上规定：凡起氧化反应的电极称为阳极，凡起还原反应的电极称为阴极。还规定：外电路电子流出的电极为负极，电子流入的电极为正极。如上述电极，Cu 极为负极（阳极）。也可以通过比较两个电极的实际电位区分正负极（电位较高的为正极）。

以铜银原电池为例，电池表示方法如下：

（阳极）Cu | $CuSO_4$（0.02mol/L）|| $AgNO_3$（0.02mol/L）| Ag（阴极）

电动势：　　$E_{电池}=E_{右}-E_{左}$

图示式所表达的电池反应为：　　$Cu+2Ag^{+}=2Ag+Cu^{2+}$

电池图示式的几点规定如下。

①式左边是起氧化反应的电极，称为阳极；式右边是起还原反应的电极，称为阴极。而两电极中实际电极电位高的为正极，电极电位低的为负极（注意：原电池的阳极为负极，阴极为正极；电解池的阳极为正极，阴极为负极）。

②两相界面或两互不相溶溶液之间以“|”表示，两电极之间的盐桥，已消除液接界电位的用“||”或“¦¦”表示。

③组成电极的电解质溶液必须写清名称、标明活度（浓度）；若电极反应有气体参与，须标明逸度（压力）、温度（没标者视为 101325 Pa，25 ℃）。

④对于气体或均相电极反应的电极，反应物质本身不能作为电极支撑体的，需用惰性电极，也需标出，最常用的 Pt 电极，如标准氢电极（SHE）为：Pt，H_2（101325Pa）| H^{+}（a=1）。

（2）电解池。

电极反应不能自发进行，需要在外部电源推动下发生氧化还原反应的电化学池为电解池。其组成与原电池相似，如图 7.2 所示。但电解池必须有一个外部电源。如上述铜银原电池，当用一外电源，反极接在它的两极上。如果外电源的电压略大于该原电池的电动势，则：

Cu 极：　　$Cu^{2+}+2e^{-}=Cu$

Ag 极：　　$Ag-e^{-}=Ag^{+}$

电池反应：　　$2Ag+Cu^{2+}=Cu+2Ag^{+}$　（反应不能自发进行）

即必须外加能量，电解才能进行。电池表示如下：

（阳极）$AgNO_3$（0.02mol/L）| Ag ¦¦ Cu | $CuSO_4$（0.02mol/L）（阴极）

化学电池在电化学分析中是很有用的，就原电池而言，如果知道一个电极的电位，又能测得原电池的电动势，则可计算出另一电极的电位，这就是电化学分析中用以测量电极电位的方法，如电位分析法。对电解池而言，电化学分析方法中，有许多都是利用和研究电解池的性质而建立起来的分析方法，如电解分析法、库仑分析法、伏安法等。

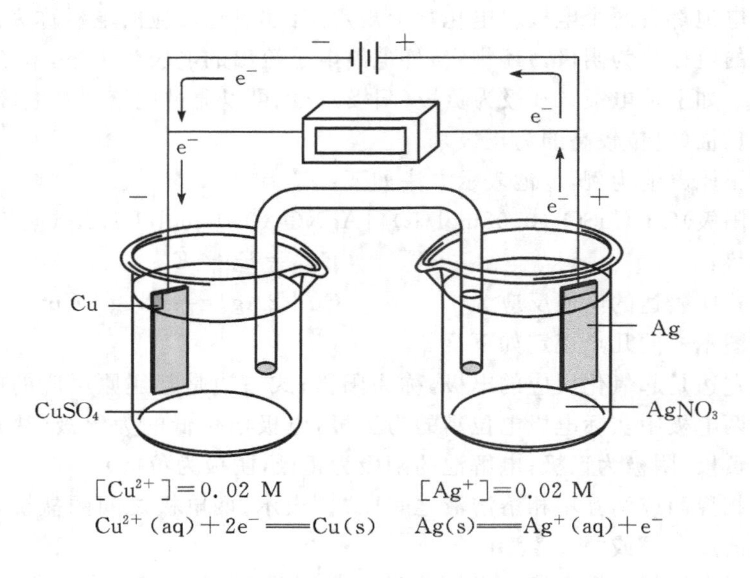

图 7.2 电解池示意图

2. **电极电位及其测量**

金属电极与溶液接触的界面之间的电势差称为电极电位。

测定时，规定以标准氢电极作负极与待测电极组成电池，即

(一)标准氢电极(SHE)¦¦待测电极(十)

测得此电池的电动势，就是待测电池的电位。若测得的电池电动势为正值，即待测电极的电位较 SHE 高；若测得的电池电动势为负值，即待测电极的电位较 SHE 低。

3. **指示电极、工作电极与参比电极**

(1)指示电极：对激发信号和待测溶液组成能够作出响应，在测量期间不引起待测溶液组成明显变化的传感电极。

(2)工作电极：对激发信号和待测溶液浓度能够作出响应，并在测量期间允许较大电流通过，以引起待测物质主体浓度发生明显变化的传感电极。

(3)参比电极：电位在电化学测量的实验条件下保持不变，用于观察、测量或控制指示电极或工作电极电位。

四、电化学分析特点及应用

(1)灵敏度、准确度高：适用于痕量甚至超痕量物质的分析。测物质的最低量

可以达到 10^{-12} mol/L 数量级。

(2)仪器装置较为简单,操作方便,易于实现自动化,尤其适合于化工生产中的自动控制和在线分析。

(3)选择性好,分析速度快。

(4)应用范围广,有多种用途:无机离子的分析,有机化合物的测定(如在药物分析中);活体分析(如用超微电极);组成、状态、价态和相态分析;各种化学平衡常数的测定、一级化学反应机理和历程的研究。

第二节 电位分析法原理

一、定义

电位分析法是利用电极电位和溶液中待测物质活度(或浓度)之间的关系来测定物质活度(或浓度)的一种电化学分析方法。它以测量电池电动势为基础,通过测量该电池的电动势来确定被测物质的含量。

二、电极电位的形成

如图 7.3 所示,以金属与其盐溶液组成的电极为例说明电极电位的形成。

金属可看成由金属离子和自由电子所组成,金属离子以点阵结构有序排列,电子在其中可自由运动。当金属 M 插入其盐溶液中时,就发生两个相反的过程:一是金属失去电子生成金属离子而进入溶液,电子留在金属固相中,使金属固相荷负电,而溶液有过多的金属离子而荷正电,这叫金属的溶解压;二是溶液中的金属离子从金属晶格中得到电子,生成金属沉积到金属固相上,固相中留有电子空穴而荷正电,溶液中有过剩的阴离子而荷负电,这叫金属离子的渗透压。两个相反过程的初始速率不会均等,这取决于金属及其盐溶液的性质。而不管初始时溶解压大还是渗透压大,最终溶解压和渗透压都要达到平衡,都在金属与溶液的界面上形成双电层,产生电势差,即产生电极电位。

$$M^{n+} + ne^- \underset{\text{溶解压}}{\overset{\text{渗透压}}{\rightleftharpoons}} M$$

电极电位是一种势垒,其大小是一个相对值,通常以标准氢电极(SHE)作为参照标准:

$$\text{Pt}, H_2(101325\text{Pa}) \mid H^+(1\ \text{mol} \cdot L^{-1})\ \varphi^{\ominus}_{\text{SHE}} = 0$$

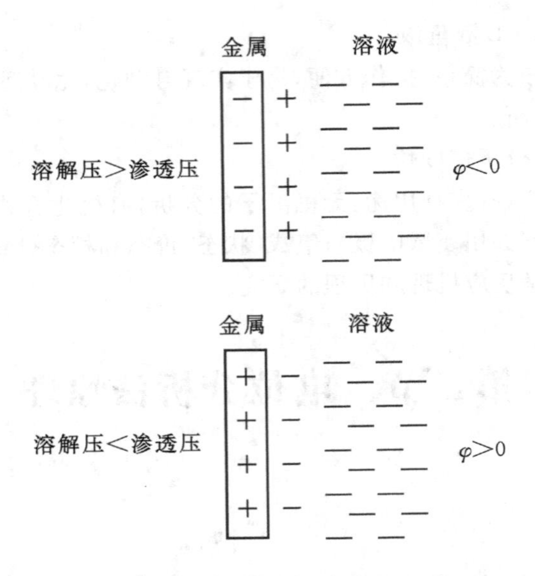

图 7.3 电极电位的形成示意图

确定某电极的电极电位时，将该电极与 SHE 组成一个原电池：

SHE || 待测电极

测得该电池的电动势即为该电极的电极电位。

三、理论基础——能斯特公式

对于氧化还原体系：

$$Ox + ne^- \Leftrightarrow Red$$

$$E = E^{\ominus}_{Ox/Red} + \frac{RT}{nF}\ln\frac{\alpha_{Ox}}{\alpha_{Red}}$$

对于金属电极，还原态是纯金属，其活度是常数，定为 1，则上式可写作：

$$E = E^{\ominus}_{M^{n+}/M} + \frac{RT}{nF}\ln\alpha_{M^{n+}}$$

由上式可见，测定了电极电位，就可确定离子的活度，这就是电位分析法的依据。

电位分析法是利用电极电位与溶液中待测物质离子的活度(或浓度)的关系进行分析的一种电化学分析法。能斯特方程式就是表示电极电位与离子的活度(或浓度)的关系式，所以能斯特方程式是电位分析法的理论基础。

电位分析法利用一支指示电极(对待测离子响应的电极)及一支参比电极(常用 SCE)构成一个测量电池(是一个原电池)，如图 7.4 所示。

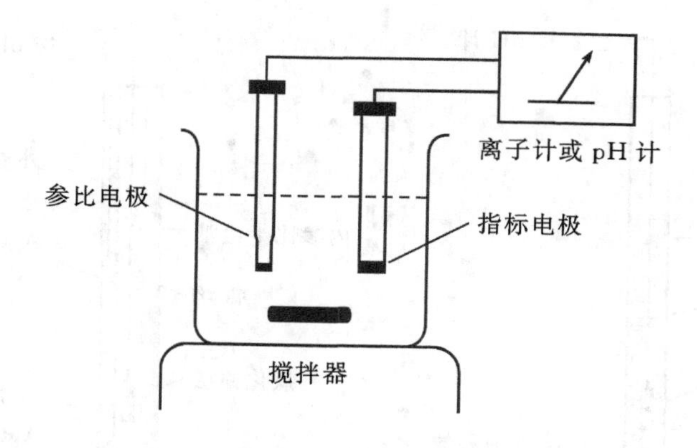

图 7.4　电位分析示意图

在溶液平衡体系不发生变化及电池回路零电流条件下，测得电池的电动势(或指示电极的电位)为

$$E=\varphi_{参比}-\varphi_{指示}$$

由于 $\varphi_{参比}$ 不变，$\varphi_{指示}$ 符合能斯特方程式，所以 E 的大小取决于待测物质离子的活度(或浓度)，从而达到分析的目的。

第三节　离子选择性电极

一、离子选择性电极

pH 玻璃电极是世界上使用最早的离子选择性电极，早在 20 世纪初就用于测定溶液的 pH 值，直到今天，绝大多数实验室测定溶液的 pH 值时，仍然使用 pH 玻璃电极。其构造如图 7.5(a)所示。它的主要部分是一个玻璃泡，泡的下半部分为特殊组成的玻璃薄膜。该薄膜是在 SiO_2($x=72\%$)基质中加入 Na_2O($x=22\%$)和 CaO($x=6\%$)烧结而成的特殊玻璃膜，其厚度约为 30～100 μm。在玻璃中装有 pH 值一定的溶液(内部溶液或内参比溶液，通常为 0.1 mol/L HCl)，其中插入一银-氯化银电极作为内参比电极。电位法测量溶液 pH 值时，通常以 pH 玻璃电极作指示电极(－)，以 SCE 作参比电极(＋)，与待测试液组成原电池。实际工作中，用 pH 计测量 pH 值时，先用 pH 标准溶液对仪器进行定位，然后测量试液，从仪表上直接读出试液的 pH 值。pH 复合电极的构造如图 7.5(b)所示。

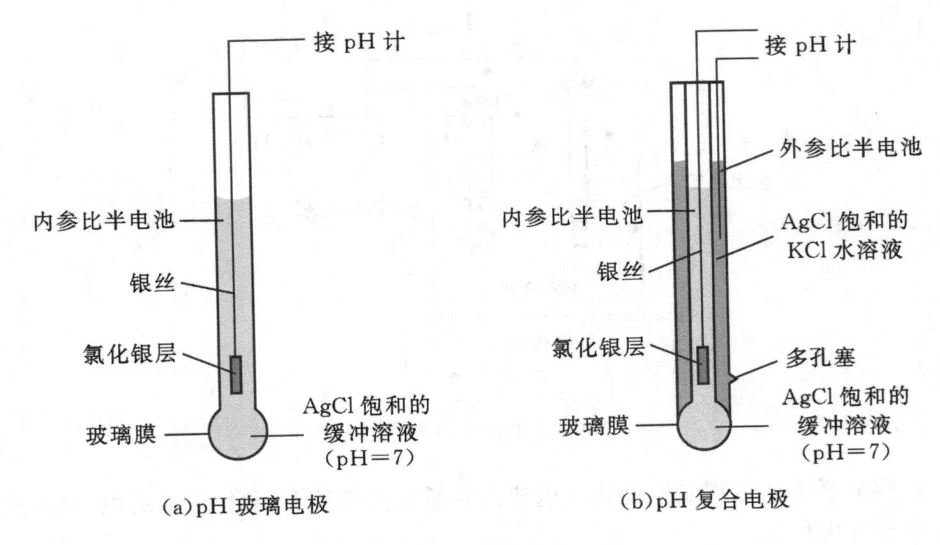

图 7.5　pH 电极的构造

随后，20 世纪 20 年代，人们又发现不同组成的玻璃膜对其他一些阳离子如 Na^+、K^+、NH_4^+ 等也有能斯特响应，相继研制出了 pNa、pK、pNH_4 玻璃电极。20 世纪 60 年代以后，人们开始研制出来了以其他敏感膜(如晶体膜)制作的各种离子选择性电极，也使得电位分析法得到了快速发展和应用。

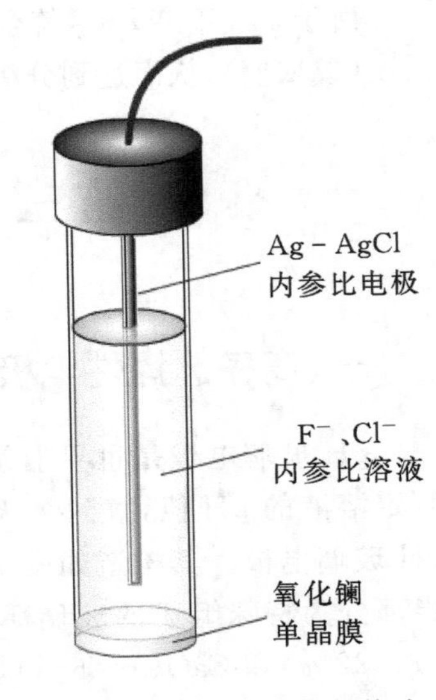

图 7.6　氟离子选择电极的构造

离子选择性电极是一种以电位法测量溶液中某些特定离子活度的指示电极。pH 玻璃电极就是具有氢离子专属性的典型离子选择性电极。

尽管离子选择性电极种类很多，但其基本构造相同，都有敏感膜、内参比溶液、内参比电极(AgCl/Ag)等。以氟离子电极为例，其构造如图 7.6 所示。

(1)敏感膜：掺少量 EuF_2 或 CaF_2 的 LaF_3 单晶膜。

(2)内参比电极：AgCl/Ag 电极。

(3)内参比溶液：0.01 mol/L NaCl+0.1 mol/L NaF。

二、膜电位的形成

用离子选择性电极测定有关离子，一般都是基于内部溶液与外部溶液之间产生的电位差，即所谓膜电位。那么，膜电位是怎样产生的呢？电极的响应机理是什么？这是一个十分复杂的问题，至今尚无定论。目前比较公认的是离子交换理论，即认为膜电位的产生是由于溶液中的离子与电极膜上的离子发生了交换作用的结果。以 pH 玻璃电极为例说明响应机理。

玻璃中含有金属离子、氧和硅，Si—O 键在空间中构成固定的带负电荷的三维网络骨架，金属离子与氧原子以离子键的形式结合，存在并活动于网络之中，承担着电荷的传导。

新做成的 pH 玻璃电极，干玻璃膜的网络中由 Na^+ 所占据。当玻璃膜与纯水或稀酸接触时，由于 Si—O 与 H^+ 的结合力远大于与 Na^+ 的结合力，因而发生了如下的交换反应

$$G^- Na^+ + H^+ \rightleftharpoons G^- H^+ + Na^+$$

反应的平衡常数很大，向右反应的趋势大，玻璃膜表面形成了水化胶层。因此水中浸泡后的玻璃膜由三部分组成：膜内外两表面的两个水化胶层及膜中间的干玻璃层，如图 7.7 所示。

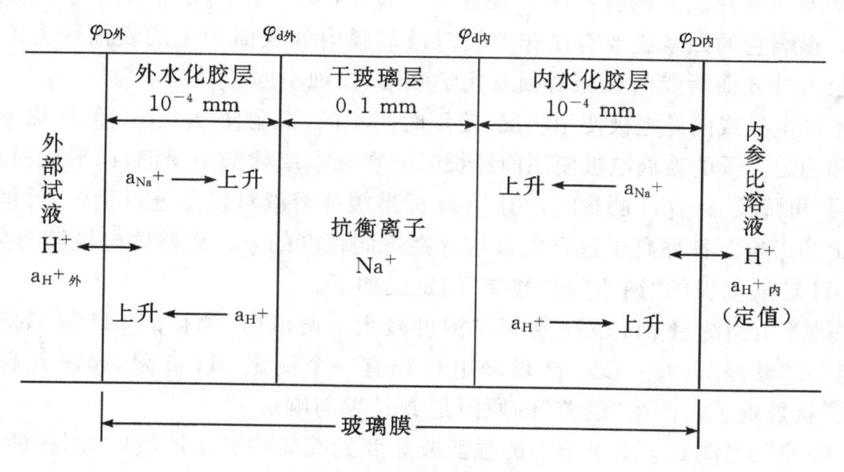

图 7.7　玻璃膜的水化胶层及膜电位的产生

形成水化胶层后的电极浸入待测试液中时，在玻璃膜内外界面与溶液之间均产生界面电位，而在内、外水化胶层中均产生扩散电位，膜电位是这四部分电位的总和，即

$$\varphi_{M玻}=\varphi_{D外}+\varphi_{d外}+\varphi_{d内}+\varphi_{D内}$$

鲍克(Baucke)认为水化胶层中 $\equiv Si—O^{-}\ H^{+}$ 的离解平衡及水化胶层中 H^{+} 与溶液中 H^{+} 的交换是决定界面电位的主要因素，即

$$\underset{[水化胶层]}{\equiv Si—O^{-}\ H^{+}}+\underset{[溶液]}{H_2O}\rightleftharpoons \underset{[水化胶层]}{\equiv SiO^{-}}+\underset{[溶液]}{H_3^{+}O}$$

而且，当玻璃膜内外表面的性状相同时，可以认为

$$\bar{\alpha}_{H^{+}内}=\bar{\alpha}_{H^{+}外}(\bar{\alpha}\ 为膜界面上\ H^{+}浓度)\ \varphi_{d内}\approx-\varphi_{d外}$$

所以

$$\varphi_{M}=\varphi_{D外}+\varphi_{D内}=\frac{RT}{F}\ln\frac{\alpha_{H^{+}外}}{\alpha_{H^{+}内}}=k+\frac{RT}{F}\ln s\alpha_{H^{+}外}=k-0.059pH_{外}$$

则 pH 玻璃电极的电极电位为

$$\varphi_{G}=\varphi_{内参}+\varphi_{M}=K+\frac{RT}{F}\ln\alpha_{H^{+}外}\overset{25\ ℃}{=\!=\!=}K-0.059pH_{外}$$

pH 玻璃电极的不对称电位 $\varphi_{不}$——按照上面推得的膜电位公式，当膜内外的溶液相同时，$\varphi_{M}=0$，但实际上仍有一很小的电位存在，称为不对称电位，其产生的原因是膜的内外表面的性状不可能完全一样，即 $\bar{\alpha}_{H^{+}内}$ 与 $\bar{\alpha}_{H^{+}外}$、$\varphi_{d内}$ 与 $\varphi_{d外}$ 不同引起的。影响它的因素主要有制作电极时玻璃膜内外表面产生的表面张力不同，使用时膜内外表面所受的机械磨损及化学吸附、侵蚀不同。

不同电极或同一电极使用状况、使用时间不同，都会使 $\varphi_{不}$ 不一样，所以 $\varphi_{不}$ 难以测量和确定。干的玻璃电极使用前经长时间在纯水或稀酸中浸泡，以形成稳定的水化胶层，可降低 $\varphi_{不}$；pH 测量时，先用 pH 标准缓冲溶液对仪器进行定位，可消除 $\varphi_{不}$ 对测定的影响。各种离子选择电极均存在不同程度的 $\varphi_{不}$，而玻璃电极较为突出。

pH 玻璃电极的“钠差”和“酸差”的定义如下。

“钠差”：当测量 pH 较高或 Na^{+} 浓度较大的溶液时，测得的 pH 值偏低，称为“钠差”或“碱差”。每一支 pH 玻璃电极都有一个测定 pH 高限，超出此高限时，“钠差”就显现了。产生“钠差”的原因是 Na^{+} 参与响应。

“酸差”：当测量 pH 小于 1 的强酸或盐度大或某些非水溶液时，测得的 pH 值偏高，称为“酸差”。产生“酸差”的原因是：当测定酸度大的溶液时，玻璃膜表面可能吸附 H^{+}，当测定盐度大或非水溶液时，溶液中 $\alpha_{H^{+}}$ 变小。

三、离子选择性电极的种类和性能

1976 年，IUPAC 基于离子选择性电极都是膜电极这一事实，根据膜的特征，

将离子选择性电极分为以下几类。

(一)晶体(膜)电极

1. 概念

电极的薄膜一般是由难溶盐经过加压或拉伸制成单晶、多晶或混晶的活性膜。晶体膜电极是目前品种最多、应用最广泛的一类离子选择性电极。

由于膜的制作方法不同,晶体膜电极可分为均相膜电极和非均相膜电极两类。

(1)均相膜电极的敏感膜由一种或几种化合物的均匀混合物的晶体构成。

(2)非均相膜电极的敏感膜是将难溶盐均匀的分散在惰性材料中制成的。其中电活性物质对膜电极的功能起决定性作用。惰性物质可以是硅橡胶、聚氯乙烯、聚苯乙烯、石蜡等。

2. 氟电极

(1)构造。氟电极包括以下几个部分。

①敏感膜:掺有 EuF_2(或 CaF_2)的 LaF_3 单晶膜(单晶切片),掺杂的目的有两个,一是造成晶格缺陷(空穴);二是降低晶体的电阻,增加导电性,可使电阻由 510 MΩ 降低到小于 2 MΩ。将 LaF_3 单晶封在塑料管的一端,LaF_3 的晶格中有空穴,在晶格上的 F^- 可以移入晶格邻近的空穴而导电。对于一定的晶体膜,离子的大小、形状和电荷决定其是否能够进入晶体膜内,故膜电极一般都具有较高的离子选择性。

②内参比电极:Ag - AgCl 电极(管内)。

③内部溶液:0.1 mol/L NaCl+0.1 mol/L NaF 混合溶液,F^- 用来控制膜内表面的电位,Cl^- 用以固定内参比电极的电位。

(2)膜电位:氟化镧单晶中可移动的是 F^-(即传导电荷),所以电极电位反映试液中 F^- 的活度,即

$$\Delta E_{\mathrm{M}} = K - \frac{2.303RT}{F}\lg\alpha_{\mathrm{F}^-}$$

$$E_{\mathrm{F}^-} = E_{\mathrm{AgCl/Ag}} + \Delta E_{\mathrm{M}} = K' - 2.303RT/F \cdot \lg\alpha_{\mathrm{F}^-}$$

(3)性能。

①线性范围:$1\sim10^{-6}$ mol/L。

②适宜的 pH 范围:5~6,酸度太低,OH^- 会使电机膜溶解,酸度太高,F^- 会形成 HF 或 HF_2^-,不能被电极响应。

③镧的强络合剂会使电极膜溶解,产生 F^- 而干扰测定。

3. **硫化银膜电极**

(1)构造。

①敏感膜:硫化银的 k_{sp} 很小(2×10^{-49}),具有良好的抗氧化、还原能力,导电性好,且易加工成型,所以是一种良好的电极材料。将 Ag_2S 晶体粉末置于模具中,加压力(10 t/cm² 以上)使之形成一坚实的薄片形成电极。硫化银膜电极是另一常用的晶体膜电极。

②内参比电极分为以下两种形式。

a. 离子接触型:Ag - AgCl 电极(管内);内部溶液:KCl 溶液。

b. 全固态型(商品电极、常用、可倒置、方便):制造时,可在膜表面上加银粉,再压制成型;或在膜的表面上真空喷镀银,然后再在此膜上焊接上银丝引出即成。

(2)膜电位:晶体中可移动离子是 Ag^+,所以膜电位对 Ag^+ 敏感。由 k_{sp} 知,硫化银电极同时也能作为硫离子电极。

(3)硫化银电极还可用于测定 CN^-。

4. **卤化银-硫化银膜电极(卤素离子电极)**

电极膜是将 AgX 沉淀分散在 Ag_2S 骨架中压制而成的。

5. **金属硫化物-硫化银膜电极**

将金属硫化物(CuS、CdS、PbS 等)与硫化银混合加工成电极膜。金属硫化物的 k_{sp} 必须大于硫化银的 k_{sp}。

(二)非晶体(膜)-刚性基质电极

前面学习过的玻璃电极属于刚性基质电极。其中,pH 玻璃电极是世界上使用最早的离子选择性电极,早在 20 世纪初就用于测定溶液的 pH 值。随后,20 世纪 20 年代,人们又发现不同组成的玻璃膜对其他一些阳离子如 Na^+、K^+、NH_4^+ 等也有能斯特响应,相继研制出了 pNa、Pk、pNH_4 玻璃电极,这些都是 ISE。

(三)活动载体电极(液膜电极)

此类电极是用浸有某种液体离子交换剂的惰性多孔膜作电极膜制成。下面以钙离子选择性电极为例来说明。

1. **构造**

(1)内装溶液:0.1 mol/L $CaCl_2$ 水溶液作为内参比溶液。

(2)载体:可采用 0.1 mol/L 二癸基磷酸钙(液体离子交换剂)的苯基磷酸二辛酯溶液液膜(内外管之间),其极易扩散进入微孔膜,但不溶于水,故不能进入试液溶液。在实际应用中,载体可分为带正电荷的载体、带负电荷的载体和中性的载体等。

(3)电极膜:可采用纤维素渗析膜。该膜属于憎水性多孔膜,仅起支持离子交换剂液体形成一个薄膜。膜材料还可以是多孔玻璃、聚氯乙烯、聚四氟乙烯等。

2. 原理

当电极浸入待测试液中时,在膜的两面发生如下离子交换反应

$$\underset{(有机相)}{[(RO)_2PO_2]_2^-Ca^{2+}} \xlongequal{\quad} \underset{(有机相)}{2(RO)_2PO_2^-} + \underset{(水相)}{Ca^{2+}}$$

Ca^{2+}可以在液膜-试液两相界面间进行扩散,会破坏两相界面附近电荷分布的均匀性,在两相之间产生相界电位。

3. 性能

钙电极适宜的 pH 范围是 5～11,可测出 10^{-5} mol/L 的 Ca^{2+}。

(四)敏化电极

敏化电极包括气敏电极、酶电极等。

1. 气敏电极

气敏电极是基于界面化学反应的敏化电极。

(1)构造。

①它是将离子选择性电极 ISE(指示电极)与气体透气膜结合起来而组成的复膜电极。

②它将离子选择性电极与参比电极组装在一起。

③管的底部紧靠选择性电极敏感膜,装有透气膜(使电解质与外部试液隔开):憎水性多孔膜,允许被测气体通过透气膜,而不允许溶液中的其他离子通过,可以是多孔玻璃、聚氯乙烯、聚四氟乙烯等。

④管中盛电解质溶液(中介溶液):它是将响应气体与 ISE 联系起来的物质。

(2)原理。

以气敏氨电极为例。

①指示电极:pH 玻璃电极。

②参比电极:AgCl/Ag。

③中介溶液:0.1 mol/L NH_4Cl。

当电极浸入待测试液时,试液中 NH_3 通过透气膜,发生如下反应并被 pH 玻璃电极响应。

$$NH_3 + H_2O \xlongequal{\quad} NH_4^+ + OH^-$$

2. 酶电极

酶电极也是一种基于界面反应敏化的离子电极。此处的界面反应是酶催化的

反应。

结构：酶电极是将 ISE 与某种特异性酶结合起来构成的。也就是在 ISE 的敏感膜上覆盖一层固定化的酶而构成复膜电极。

机制：酶是具有生物活性的催化剂，酶的催化反应选择性强，催化效率高，而且大多数酶催化反应可在常温下进行。酶电极就是利用酶的催化活性，将某些复杂化合物分解为简单化合物或离子，而这些简单化合物或离子，可以被 ISE 测出，从而间接测定这些化合物。

如尿素可以被尿酶催化分解，反应如下：

$$CO(NH_2)_2 + H_2O = 2NH_3 + CO_2$$

其产物 NH_3 可以通过气敏氨电极测定，从而间接测定出尿素的浓度。

第四节　测定离子活度的方法——直接电位法

用离子选择性电极测定离子活度时也是将它浸入待测溶液而与参比电极组成一电池，并测量其电动势。如用氟 ISE 测定氟离子活度时，可组成下列工作电池：

$$\underbrace{Hg|Hg_2Cl_2(\text{固})}_{SCE},\underbrace{KCl(\text{饱和})||}_{\Delta E_L\ \text{液接}}\underbrace{\text{试液}|LaF_3\ \text{膜}}_{\Delta E_M}|\underbrace{Ag,AgCl|HCl}_{\text{氟电极}}$$

电池电动势：

$$E = (E_{AgCl/Ag} + \Delta E_M) - E_{SCE} + \Delta E_L + \Delta E_{\text{不对称}}$$

而

$$\Delta E_M = K - 2.303RT/F \cdot \lg\alpha_{F^-}$$

$$E = (E_{AgCl/Ag} + K - 2.303RT/F \cdot \lg\alpha_{F^-}) - E_{SCE} + \Delta E_L + \Delta E_{\text{不对称}}$$
$$= K' - 2.303RT/F \cdot \lg\alpha_{F^-}$$

对于各种离子选择性电极，电池电动势公式如下：

$$E = K' - \frac{2.303RT}{nF}\lg\alpha_{\text{阴离子}}$$

$$E = K' + \frac{2.303RT}{nF}\lg\alpha_{\text{阳离子}}$$

工作电池的电动势在一定实验条件下与欲测离子的活度的对数值呈直线关系。因此通过测量电动势可测定欲测离子的活度。

一、标准曲线法

用测定离子的纯物质配制一系列不同浓度的标准溶液，将离子选择性电极与参比电极插入标准溶液，测出相应的电动势。然后以测得的 E 值对相应的 $\lg\alpha_i$ ($\lg c_i$)值绘制标准曲线(校正曲线)。在同样条件下测出对应于欲测溶液的 E 值，即可从标准曲线上查出欲测溶液中的离子活(浓)度。要求测定的是浓度，而离子选择性电极根据能斯特公式测量的则是活度。

浓度与活度：由上式可知，测量的电动势，可确定欲测离子的活度。但在实际测量中，常常需要测定离子的浓度，怎么办？

根据

$$\alpha_i = \gamma_i c_i$$

知道 γ_i，就可计算 c_i，但往往无法计算。若 γ_i 保持不变，可归入常数，E 就与 $\lg c_i$ 呈线性关系。可通过控制离子强度来保持 γ_i 不变，通常有以下两种方法：①恒定离子背景法：以试样本身为基础，配制与试样组成相似的标准溶液；②加入离子强度调节剂(ISA)或总离子强度调节剂(TISAB)：浓度很大的电解质溶液，对待测离子无干扰。如，测氟时，加 TISAB(1 mol/L NaCl＋0.25 mol/L HAc＋0.75 mol/L NaAc＋0.001 mol/L 柠檬酸钠)，其作用是稳定离子强度；控制 pH 范围；掩蔽干扰离子。

在实际工作中，可加入“离子强度调节剂”来控制离子强度。

二、标准加入法

设某一未知溶液待测离子浓度为 c_x，其体积为 V_0，测得电动势为 E_1，E_1 与 c_x 应符合如下关系：

$$E_1 = K' + \frac{2.303RT}{nF}\lg(x_1\gamma_1 c_x)$$

式中：x_1 是游离(即未络合)离子的物质量分数。

加入小体积 V_s(约为试样体积的 1/100)待测离子的标准溶液，然后再测量其电动势 E_2，于是得

$$E_2 = K' + \frac{2.303RT}{nF}\lg(x_2\gamma_2 c_x + x_2\gamma_2 c_\Delta)$$

$$c_\Delta = \frac{V_s c_s}{V_0 + V_s}$$

二次测得电动势的差值(若 $E_2 > E_1$)为

$$\begin{aligned}\Delta E &= E_2 - E_1 \\ &= \frac{2.303RT}{nF}\lg\left(\frac{x_2\gamma_2(c_x + c_\Delta)}{x_1\gamma_1 c_x}\right) \\ &= \frac{2.303RT}{nF}\lg\left(1 + \frac{c_\Delta}{c_x}\right)\end{aligned}$$

令 $S=\frac{2.303RT}{F}$，得

$$\Delta E=\frac{S}{n}\lg(1+\frac{c_{\Delta}}{c_x})$$

$$c_x=c_{\Delta}(10^{n\Delta E/S}-1)^{-1}$$

标准加入法的特点及其使用过程中的注意事项如下。

(1)适应于复杂物质的分析，精确度高；因两次测量在同一溶液中进行，仅被测离子浓度稍有不同，溶液条件几乎完全相同。

(2)一般可不加 ISA 或 TISAB。

(3)V_0、V_s 必须准确加入，V_0 一般为 100 mL，V_s 一般为 1 mL，最多不超过 10 mL。

第五节　影响测定的因素

任何一种分析方法，其测量结果的准确度往往受多种因素的影响，ISE 法也不例外，它的测量结果的准确度同样受许多因素的影响，也就是说，它的测量结果的误差来源是多方面的，如电极的性能、测量系统、温度等。对于一个分析者而言，只有了解和掌握各种因素对测量结果的影响情况，了解误差的主要来源，才能在分析过程中正确掌握操作条件，获得准确的分析结果。下面就影响 ISE 分析结果准确度的几个主要因素分别加以讨论。

一、温度

ISE 分析法的依据就是能斯特公式，即

$$E=K'+2.303RT/nF\cdot\lg\alpha$$

由此式可以看出：

(1)T 影响斜率 S，为了校正这种效应的影响，一般测量仪器上都用温度补偿器来进行调节；

(2)T 影响截距 K'，K'项包括参比电极、液接电位等，这些都与 T 有关，在整个测量过程中应保持温度恒定。

二、电动势的测量

由能斯特公式知，E 的测量的准确度直接影响分析结果的准确度。那么，E 的测量误差 ΔE 与分析结果的相对误差 $\Delta c/c$ 之间究竟有什么关系呢？可以通过对

能斯特公式的微分导出：ΔE 与 $\Delta c/c$ 之间的关系。对于

$$E=K'+RT/nF\cdot \ln c$$

微分得

$$dE=\frac{RT}{nF}\cdot \frac{1}{c}\Delta c$$

以有限量表示为

$$\Delta E=RT/nF\cdot \Delta c/c$$

当 $T=298$ K 时，

$$\Delta E=(0.2568/n)\cdot (\Delta c/c)\times 100 \quad (\text{mV})$$

或

$$\Delta c/c\times 100=n/0.2568\cdot \Delta E\approx 4n\Delta E$$

讨论：当 $\Delta E=\pm 1$ mV 时，一价离子，$\Delta c/c\times 100\approx\pm 4\%$；二价离子，$\Delta c/c\times 100\approx\pm 8\%$；三价离子，$\Delta c/c\times 100\approx\pm 12\%$。可见，$E$ 的测量误差 ΔE 与分析结果的相对误差 $\Delta c/c$ 影响极大，高价离子尤为严重。因此，电位分析中要求测量仪器要有较高的测量精度（$\leqslant\pm 1$ mV）。

三、干扰离子

对测定产生干扰的共存离子叫干扰离子。在电位分析中干扰离子的干扰主要有以下三种情况。

(1)干扰离子与电极膜发生反应：如，以氟 ISE 测定氟为例，当试液中存在大量柠檬酸根时，发生如下反应

$$LaF_3(\text{固})+Ct^{3-}(\text{水})═══LaCt(\text{水})+3F^-(\text{水})$$

由于发生上述反应，使溶液中 F^- 增加，导致分析结果偏高。

又如，Br^- ISE 测 Br^- 时，若溶液中存在 SCN^- 时，会发生如下反应

$$SCN^-(\text{水})+AgBr(\text{固})═══AgSCN(\text{固})+Br^-(\text{水})$$

那么产生的 AgSCN(固)会覆盖在电极膜的表面（SCN^- 量较大时）。

(2)干扰离子与欲测离子发生反应：如，氟 ISE 测定氟时，若溶液中存在铁、铝、钨等时，会与 F^- 离子形成络合物（不能被电极响应），而产生干扰。

(3)干扰离子影响溶液的离子强度，因而影响欲测离子活度。

对干扰离子的影响，一般可加入掩蔽剂消除，必要时，可预先分离。

四、溶液的 pH

酸度是影响测量的重要因素之一，一般测定时，要加缓冲溶液控制溶液的 pH 范围。

五、被测离子的浓度

由能斯特公式知，在一定条件下，E 与 lnc 成正比关系。那么，是不是在任何情况下二者都成正比关系呢？不是的。任何一个 ISE 都有一个线性范围，一般为 $10^{-1} \sim 10^{-6}$ mol/L(可参阅电极说明书)。检出下限主要取决于组成电极膜的活性物质的性质。例如，沉淀膜电极检出限不能低于沉淀本身溶解所产生的离子活度。

六、响应时间

响应时间是 ISE 的一个重要性能指标。根据 IUPAC 的建议，其定义是：从 ISE 和参比电极一起接触溶液的瞬间算起，直到电动势达稳定数值(变化≤1 mV)所需要的时间。它与下列因素有关。

1. 与待测离子到达电极表面的速率有关

搅拌可以加快被测离子到达电极表面的速率，因而可以缩短响应时间。搅拌越快，响应时间越短。

2. 与待测离子的活度有关

同一只 ISE 浸入不同浓度的待测溶液时，响应时间是不同的。一般电极在浓溶液中的响应时间比在稀溶液中要快。浓溶液响应时间仅几秒，但溶液越稀，响应时间越长，在接近电极检测下限的稀溶液中，甚至达到几小时之久。

3. 与介质的离子强度有关

在通常情况下，当试液中的共存离子为非干扰离子时，它们的存在会缩短响应时间。

4. 与共存离子性质有关

共存离子为干扰离子时，对响应时间有影响，往往会使响应时间延长。

5. 与电极膜的弧度、光洁度有关

在保证电极有良好机械性能的前提下，电极的敏感膜越薄，响应时间越短；电极的敏感膜越光洁，响应时间越短。如果电极表面粗糙、不光洁，都会使响应时间延长。

响应时间反应了，在测量过程中，需经过多长时间才能读取和记录测量结果，因此，它是 ISE 的一个重要性能指标。

七、迟滞效应

对同一活度的溶液，测出的电动势数值与 ISE 在测量前接触的溶液有关，这种现象称为迟滞效应。它是 ISE 分析法的主要误差来源之一。消除的方法是利用固定电极测量前的预处理。

第六节　离子选择性电极分析法的应用

离子选择性电极分析法的应用有以下几个方面。

(1)能用于许多阳离子、阴离子及有机物(酶电极)的分析、测定,并能用于气体分析(气敏电极)。

(2)仪器设备简单,对一些其他方法难以测定的某些离子可得到满意结果。如氟离子、硝酸根离子、碱金属离子等。

(3)适用的浓度范围宽,能达几个数量级。

(4)适用于作为工业流程自动控制及环境保护监测设备中的传感器。

(5)能制成微电极、超微电极($d=1\ \mu m$),用于单细胞及活体检测。

(6)可用于测定活度,因此适用于测定化学平衡常数,在某些场合有重要意义。

第七节　电位滴定法

一、基本原理

电位滴定法是通过测量滴定过程中指示电极电位的变化来确定终点容量的分析方法。在容量分析中,化学计量点的实质就是溶液中某种离子浓度的突跃变化。例如,酸碱滴定中,化学计量点是溶液中 H^+ 离子浓度的突跃变化;络合滴定和沉淀滴定中,化学计量点是溶液中金属离子浓度的突跃变化;氧化还原滴定中,化学计量点是溶液中氧化剂或还原剂浓度的突跃变化。显然,若在溶液中插入一个合适的指示电极,到达化学计量点时,溶液中某种离子浓度发生突跃变化,必然引起指示电极电位发生突跃变化。因此,可以通过测量指示电极电位的变化来确定终点。

电位滴定法与直接电位法的不同在于,它是以测量滴定过程中指示电极的电极电位(或电池电动势)的变化为基础的一类滴定分析方法。滴定过程中,随着滴定剂的加入,发生化学反应,待测离子或与之有关的离子活度(浓度)发生变化,指示电极的电极电位(或电池电动势)也随着发生变化,在化学计量点附近,电位(或电动势)发生突跃,由此确定滴定的终点。因此电位滴定法与一般滴定分析法的根本不同是确定终点的方法不同。

二、基本装置

电位滴定法的装置由四部分组成，即电池、搅拌器、测量仪表、滴定装置，如图7.8所示。

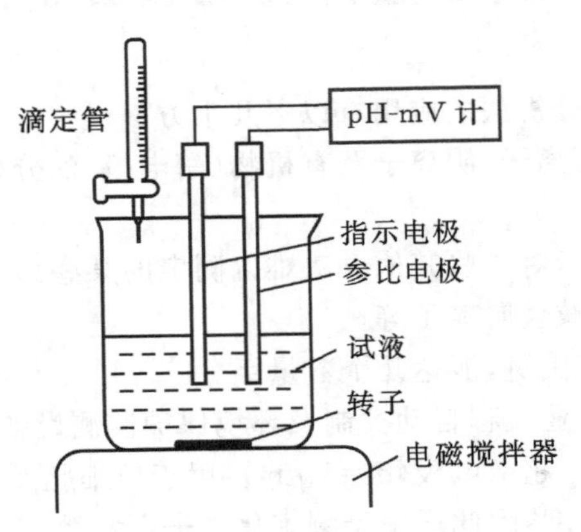

图 7.8　电位滴定基本仪器装置

在直接电位法的装置中，加一滴定管，即组成电位滴定的装置。进行电位滴定时，每加入一定体积的滴定剂，测一次电动势，直到超过化学计量点为止。这样就可得到一组滴定剂用量(V)与相应电动势(E)的数据。由这组数据就可以确定滴定终点。下面将以硝酸银标准溶液滴定氯离子为例具体介绍该方法。

三、确定终点的方法

在直接电位滴定中，确定终点的方法有以下三种。

1. 绘制 $E-V$ 曲线法

以加入滴定剂的体积 V 为横坐标，相应电动势 E 为纵坐标，绘制 $E-V$ 曲线。其形状类似于容量分析中的滴定曲线，曲线的拐点相应的体积即为终点时消耗滴定剂的体积 V_e。

与一般容量分析相同，电位突跃范围和斜率的大小取决于滴定反应的平衡常数和被测物质的浓度。电位突跃范围越大，分析误差越小。

缺点：准确度不高，特别是当滴定曲线斜率不够大时，较难确定终点。

2. 绘制 $\Delta E/\Delta V-V$ 曲线法(一阶微商法)

该方法主要步骤如下。

（1）首先根据实验数据计算出 ΔV、ΔE、$\Delta E/\Delta V$、V。ΔV 为相邻两次加入滴定体积之差，即 $\Delta V=V_2-V_1$；ΔE 为相邻两次测得电动势之差，即 $\Delta E=E_2-E_1$；$\Delta E/\Delta V$ 为 $(E_2-E_1)/(V_2-V_1)$；V 为相邻两次加入滴定体积的平均值，即 $V=(V_2-V_1)/2$。

（2）绘制 $\Delta E/\Delta V-V$ 曲线。曲线峰对应的体积即为终点时消耗滴定剂的体积 V_e。

该方法的优点为准确度高。

3. 绘制 $\Delta E^2/\Delta V^2-V$ 曲线法（二阶微商法）

该方法主要步骤如下。

（1）首先计算出 ΔV、$\Delta(\Delta E/\Delta V)$、$\Delta E^2/\Delta V^2$ 及 V。ΔV 为相邻两次加入体积之差，即 $\Delta V=V_2-V_1$；$\Delta(\Delta E/\Delta V)$ 为相邻两次 $\Delta E/\Delta V$ 之差，即 $\Delta(\Delta E/\Delta V)=(\Delta E/\Delta V)_2-(\Delta E/\Delta V)_1$；$\Delta E^2/\Delta V^2$ 为 $((\Delta E/\Delta V)_2-(\Delta E/\Delta V)_1)/(V_2-V_1)$；$V$ 为相邻两次加入滴定体积的平均值，即 $V=(V_2-V_1)/2$。

（2）绘制 $\Delta E^2/\Delta V^2-V$ 曲线。$\Delta E^2/\Delta V^2=0$，所对应的体积即为终点时消耗滴定剂的体积 V_e。

该方法的优点为准确度高。

4. 二阶微商计算法

二级微商 $\Delta E^2/\Delta V^2=0$ 时就是终点。

四、自动电位滴定

目前还有不少使用自动电位滴定的装置，如图 7.9 所示。在滴定管末端连接可通过电磁阀的细乳胶管，此管下端接毛细管。滴定前，根据具体的滴定对象为仪器设置电位（或 pH）的终点控制值（理论计算值或滴定实验值）。滴定开始时，电位测量信号使电磁阀断续开关，滴定自动进行。电位测量值到达仪器设定值时，电磁阀自动关闭，滴定停止。

现代的自动电位滴定已广泛采用计算机控制。计算机对滴定过程中的数据自动采集、处理，并利用滴定反应化学计量点前后电位突变的特性，自动寻找滴定终点、控制滴定速度，到达终点时自动停止滴定，因此更加智能和快速。

五、指示电极的选择

1. 酸碱滴定

以 pH 玻璃电极作指示电极，甘汞电极作参比电极，可以进行某些极弱酸（碱）

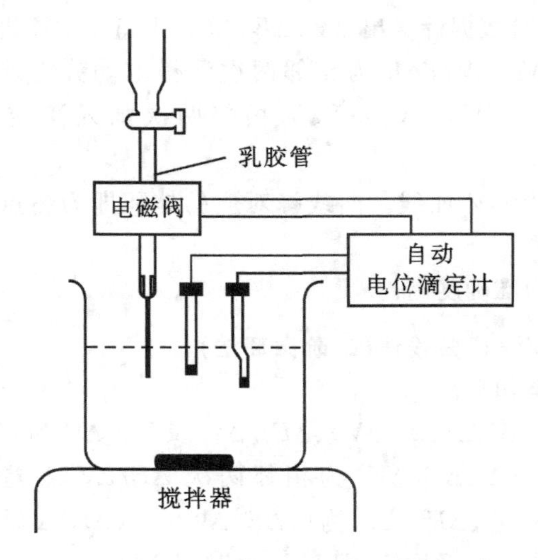

图 7.9 自动电位滴定装置

的滴定。指示剂法滴定弱酸、碱时，准确滴定的要求必需 $K_aC(K_bC)\geqslant10^{-8}$，而电位法只需大于等于 10^{-10}；电位法所用的指示电极为 pH 玻璃电极。

2. **氧化还原滴定**

在滴定过程中，[Ox]/[Red]值发生变化，铂电极作指示电极，以甘汞电极作参比电极。指示剂法准确滴定的要求是滴定反应中，氧化剂和还原剂的标准电位之差必需满足 $\Delta\varphi^{\circ}\geqslant0.36$ V($n=1$)，而电位法只需大于等于 0.2 V，应用范围广；电位法采用的指示电极一般采用零类电极(常用 Pt 电极)。

3. **沉淀滴定**

根据不同沉淀反应采用不同指示电极，如 ISE 等。电位法应用比指示剂法广泛，尤其是某些在指示剂滴定法中难找到指示剂或难以进行选择滴定的混合物体系，电位法往往更加适用；电位法所用的指示电极主要是离子选择电极，也可用银电极或汞电极。

4. **络合滴定**

根据不同络合反应采用不同指示电极。例如，①用 EDTA 滴定某些变价离子，如，Fe^{3+}、Cu^{2+} 等，可加入 Fe^{2+}、Cu^{+} 构成氧化还原电对，以铂电极作指示电极，以甘汞电极作参比电极；②用离子选择性电极作指示电极，例如用 F^- 滴定 Al^{3+}；③用 EDTA 滴定金属离子，在溶液中加入少量 Hg^{2+}，用汞电极作指示电极，以甘汞电极作参比电极。指示剂法准确滴定的要求是，滴定反应生成络合物的稳定常

数必需是 $\lg(K'_{ML}c) \geqslant 6$，而电位法可用于稳定常数更小的络合物；电位法所用的指示电极一般有两种，一种是 Pt 电极或某种离子选择电极，另一种是 Hg 电极（实际上是第三类电极）。

六、电位滴定法的特点

（1）准确度高：如酸碱滴定中，用指示剂法确定终点时，要求化学计量点附近 pH 突跃范围大于 2 个 pH 单位；用电位滴定法确定终点时，化学计量点附近 pH 突跃范围大于 0.5 个 pH 单位即可。所以很多弱酸、弱碱以及多元酸（碱）可以用电位滴定法测定。

（2）可用于有色溶液、浑浊溶液的测定。

（3）可用于非水溶液的滴定。某些有机物的滴定需要在非水中进行，一般缺乏合适的指示剂，可以用电位滴定法测定。这样可以解决缺乏指示剂的困难。

（4）能用于连续的自动滴定，并适用于微量分析。

实验一　电位法测定水溶液的 pH 值

一、实验目的

（1）掌握用玻璃电极测量溶液 pH 值的基本原理和测量技术。

（2）学会怎样测定玻璃电极的响应斜率，进一步加深对玻璃电极响应特性的了解。

二、实验原理

pH 玻璃电极是最早也是最广泛被应用的膜电极。它是电位法测定溶液 pH 值的指示电极。该电极下端部分是由特殊成分的玻璃（SiO_2 掺杂了 Na_2O）吹制而成的球状薄膜，膜的厚度为 0.1 mm。玻璃管内装一特定 pH 值（如 7）的缓冲溶液，且插入 Ag－AgCl 电极作为内参比电极。玻璃膜的电位主要决定于内外两个水化层与溶液的相界电位。$\Phi = \Phi_{外} - \Phi_{内}$，内充液一定，$\Phi_{内}$ 固定，$\Phi_{外}$ 受溶液中 $\alpha(H^+)$ 影响。

以玻璃电极作指示电极，饱和甘汞电极作参比电极，用电位法测量溶液的 pH 值，可以得到

$$E=常数+2.303\frac{RT}{F}\text{pH}\ (25\ ℃时,E=常数+0.059\ \text{pH}) \tag{7.1}$$

实际操作时，为了消去常数项的影响，而采用同已知 pH 值的标准缓冲溶液相比较，即

$$E_s=常数+2.303\frac{RT}{F}\text{pH}_s \tag{7.2}$$

由式(7.1)－(7.2)得到

$$\text{pH}=\text{pH}_s+\frac{E-E_s}{2.303RT/F} \tag{7.3}$$

式(7.3)称为 pH 的实用定义。式中：pH 和 pH_s 分别为欲测溶液和标准溶液的 pH 值；E 和 E_s 分别为其相应电动势。

测定 pH 用的仪器——pH 电位计是按上述原理设计制作的。pH 计是一台高阻抗输入的毫伏计，两次测量得到的是 $E-E_s$，测定的方法是校准曲线法的改进。定位的过程就是用标准缓冲溶液校准校准曲线的截距。温度校准是调整校准曲线的斜率。经过以上的操作后，pH 计的刻度就符和校准曲线的要求了，可以对未知液进行测定。测定的准确度首先决定于标准缓冲溶液 PH_s 的准确度；其次是标准溶液和待测溶液组成接近的程度，这直接影响到包含液接电位的常数项是否相同。

测定方法有单标准 pH 缓冲溶液法和双标准 pH 缓冲溶液法。通常我们采用单标准 pH 缓冲溶液法，如果要提高测量的准确度，则需要采用双标准 pH 缓冲溶液法。

三、仪器与试剂

1. 仪器

pH/mV 计、玻璃电极(2 支，其电极响应斜率须有一定差别)、饱和甘汞电极。

2. 试剂

邻苯二甲酸氢钾标准 pH 缓冲溶液、磷酸氢二钠与磷酸二氢钾标准 pH 缓冲溶液、硼砂标准 pH 缓冲溶液、未知 pH 试样溶液(至少 3 个，选 pH 值分别在 3、6、9 左右为好)。

四、实验步骤

1. 测定玻璃电极的实际响应斜率

(1)在 pH 电位计上装好玻璃电极和甘汞电极。

(2)选用仪器的“mV”档，用蒸馏水冲洗电极，并用滤纸轻轻的将附着在电极上的水吸去。然后，小心地将电极插在试液中，注意切勿与杯底、杯壁相碰。

(3)按下测量按钮，待电位值显示稳定时，读取“mV”数值，并记录下来。松开测量按钮，从试液中提起电极，用滤纸吸去电极上残留的试液，再按步骤(2)冲洗电极；

(4)至少按上述步骤测量 3 种不同 pH 值的标准缓冲溶液，用作图法求出玻璃电极的响应斜率。

(5)同上述步骤测量另一玻璃电极的响应“mV”值。

2. 单标准 pH 缓冲溶液法测量溶液 pH 值

这种方法适合于一般要求，即待测溶液的 pH 值与标准缓冲溶液的 pH 值之差小于 3 个 pH 单位。

(1)选用仪器“pH”档，将清洗干净的电极浸入欲测标准 pH 缓冲溶液中，按下测量按钮，转动定位调节旋钮，使仪器显示的 pH 值稳定在该标准缓冲溶液 pH 值。

(2)松开测量按钮，取出电极，用蒸馏水冲洗几次，小心用滤纸吸去电极上水液。

(3)将电极置于欲测试液中，按下测量按钮，读取稳定 pH 值，并记录下来。松开测量按钮，取出电极，按步骤(2)清洗，然后继续下个样品溶液的测量。测量完毕，清洗电极，并将玻璃电极浸泡在蒸馏水中。

3. 双标准 pH 缓冲溶液法测量溶液 pH 值

为了获得高精度的 pH 值，通常用两个标准 pH 缓冲溶液进行定位校正仪器，并且要求未知溶液的 pH 值尽可能落在这两个标准 pH 溶液的 pH 值中间。

(1)按单位标准 pH 缓冲溶液测量方法的步骤(1)、(2)，选择两个标准缓冲溶液，用其中一个对仪器定位。

(2)将电极置于另一个标准缓冲溶液中，调节斜率旋钮(如果没设斜率旋钮，可使用温度补偿旋钮调节)，使仪器显示的 pH 读数至该标准缓冲溶液的 pH 值。

(3)松开测量按钮，取出电极，用蒸馏水冲洗几次，小心用滤纸吸去电极上水液；再放入第一次测量的标准缓冲溶液中，按下测量按钮，其读数与该试液的 pH 值相差至多不超过 0.05 个 pH 单位，表明仪器和玻璃电极的响应特性均良好。往往要反复测量、反复调节几次，才能使测量系统达到最佳状态。

(4)当测量系统调定后，将洗干净的电极置于欲测试样溶液中，按下测量按钮，读取稳定 pH 值，并记录。松开测量按钮，取出电极，冲洗干净后，将玻璃电极浸泡在蒸馏水中。

五、数据处理

(1)实验步骤。
(2)实验记录，包括所有原始记录。

六、问题与讨论

(1)在测量溶液的 pH 值时，为什么 pH 计要用标准 pH 缓冲溶液进行定位？
(2)使用玻璃电极测量溶液 pH 值时，应匹配何种类型的电位计？
(3)为什么用单标准 pH 缓冲溶液法测量溶液 pH 值时，应尽量选用 pH 与它相近的标准缓冲溶液来校正酸度计？

实验二　离子选择电极法测定天然水中的 F^-

一、实验目的

(1)掌握电位法的基本原理。
(2)学会使用离子选择电极的测量方法和数据处理方法。

二、实验原理

氟离子选择电极是以氟化镧单晶片为敏感膜的电位法指示电极，该电极的敏感膜由 LaF_2 单晶片制成。为了改善导电性，晶体中还掺杂了少量的 EuF_2 和 1%～5%的 CaF_2，降低了晶体膜的电阻，而膜导电则由离子半径较小、带电荷较少的晶体离子 F^- 来承担。将膜电极插入待测离子的溶液中，待测离子可以吸附到膜表面，它与膜上相同的离子交换，并通过扩散进入膜相。因为膜中存在晶格缺陷，产生的离子也可以扩散进入溶液相。这样在晶体膜和溶液界面建立了双电层结构，产生相界电位，一般

$$\Phi = 常数 - \frac{RT}{F}\ln a(F^-)$$

氟离子选择电极对溶液中的氟离子具有良好的选择性。氟电极与饱和甘汞电极组成的电池可表示为

$$Ag, AgCl \left| \begin{pmatrix} 10^{-3}\,mol/L\ NaF \\ 10^{-1}\,mol/L\ NaCl \end{pmatrix} \right| LaF_3 \,|\, F^-(试液) \,||\, KCl(饱和), Hg_2Cl_2 \,|\, Hg$$

$$
\begin{aligned}
E(\text{电池}) &= E(\text{SCE}) - E(\text{F}) \\
&= K(\text{SCE}) - \kappa + \frac{RT}{nF}\ln\alpha_{(F,外)} \\
&= K + \frac{RT}{F}\ln\alpha_{(F,外)} \\
&= K + 0.059\ln\alpha_{(F,外)}
\end{aligned}
$$

式中:0.059 为 25 ℃时电极的理论响应斜率,其他符号具有通常意义。

用离子选择电极测量的是溶液中离子的活度,而通常定量分析需要测量的是离子的浓度,不是活度,所以必须控制试液的离子强度。如果测量试液的离子强度维持一定,则上述方程可表示为

$$E(\text{电池}) = K + 0.059\lg\alpha_{(F,外)}$$

用氟离子选择电极测量 F^- 时,最适宜的 pH 范围为 5.5～6.5。pH 值过低,易形成 HF_2^- 比,影响 F^- 的活度;pH 值过高,易引起单晶膜中 La^{3+} 的水解,形成 $La(OH)_3$,影响电极的响应。故通常用 pH=6 的柠檬酸盐缓冲溶液来控制溶液的 pH 值。柠檬酸盐还可消除 $A1^{3+}$、Fe^{3+} 的干扰。

三、仪器与试剂

1. 仪器

离子计或 pH/mV 计、电磁搅拌器氟离子选择电极、饱和甘汞电极。

2. 试剂

(1)氟离子标准溶液:0.100 mol/L。

(2)柠檬酸钠缓冲溶液:0.5 mol/L(用 1∶1 盐酸中和至 pH≈6)。

四、实验步骤

1. 开启仪器并预热

将氟电极和甘汞电极分别与离子计或 pH/mV 计相接,开启仪器开关,预热仪器。

2. 清洗电极

取去离子水 50～60 mL 至 100 mL 的烧杯中,放入搅拌磁子,插入氟电极和饱和甘汞电极。开启搅拌器,2～3 min 后,若读数大于-370 mV,则更换去离子水,继续清洗,直至读数小于-370 mV。

3. 工作曲线法

(1)标准溶液的配制及测定。

准确移取 5.00 mL 0.100 mol/L 的氟离子标准溶液于 50 mL 容量瓶中，加入 0.5 mol/L 的柠檬酸盐缓冲溶液 5.0 mL，用去离子水稀释至刻度，摇匀。用逐级稀释法配成浓度为 10^{-2} mol/L、10^{-3} mol/L、10^{-4} mol/L、10^{-5} mol/L、10^{-6} mol/L 的一组标准溶液。逐级稀释时，只需添加 4.5 mL 的柠檬酸盐缓冲溶液。将标准溶液分别倒出部分于塑料烧杯中，放入搅拌磁子，插入已经洗净的电极，一直搅拌，待读数稳定不变 2 min 后，读取电位值。按顺序从低至高浓度依次测量，每测量 1 份试液，无需清洗电极，只需用滤纸沾去电极上的水珠。测量结果列表记录。

(2)水样的测定。

取水样 25.0 mL，置于 50 mL 容量瓶中，加 0.5 mol/L 柠檬酸钠缓冲溶液 5.0 mL，用去离子水稀释至刻度并摇匀。倒出部分于塑料烧杯中，放入搅拌磁子，插入干净的电极进行测定，读取稳定电位值。

4. 一次标准溶液加入法

准确移取水样 25.0 mL 置于 100 mL 干的烧杯中，加入 0.5 mol/L 的柠檬酸钠溶液 5.0 mL，去离子水 20.0 mL。放入搅拌磁子，插入清洗干净的电极，一直搅拌，读数稳定不变 2 min 后，读取电位值。再准确加入 1.0×10^{-3} mol/L 氟离子标准溶液 1.00 mL。同样测量出稳定的电位值。记下两次测定的电位值，计算出其差值($\Delta E=E_1-E_2$)。

五、数据处理

(1)用测量出的系列标准溶液的数据，在计算机上采用 Excel 软件计算 E_i-$\lg c_F$ 曲线作直线方程处理的常数项(a、b)及其相关系数 R。

(2)根据水样测得的电位值，计算出 F^- 的浓度，再换出水样中氟离子的实际含量(注意：以 mg/L 为单位)。

(3)根据一次标准溶液加入法所得的 ΔE 和从校正曲线计算得到的电极响应斜率(S)代入下述方程

$$c_x=\frac{c_s V_s}{V_x+V_s}(10^{\Delta E/S}-1)^{-1}$$

计算水样中氟离子的含量。式中：c_s 和 V_s 分别为标准溶液的浓度和体积；c_x 和 V_x 分别为试液的氟离子浓度和体积。

六、问题与讨论

(1)氟离子选择电极在使用时应注意哪些问题?

(2)为什么要清洗氟电极，使其响应电位值低于－370 mV？

(3)柠檬酸盐在测量溶液中能起到哪些作用？

实验三　食品中氨基酸含量的测定(电位滴定法)

一、实验目的

(1)掌握电位法测定食品中游离氨基酸含量的原理及实验方法。

(2)熟练掌握自动电位滴定仪的操作。

(3)了解样品的处理方法。

二、实验原理

氨基酸为两性物质，加入甲醛可将其氨基固定而羧基显酸性，反应定量进行，释出的 H^+ 离子用碱标准溶液滴定。利用酸度计指示滴定时试液 pH 值变化及控制滴定终点。

食品的种类繁多，其组分、状态等各不相同，必须采用适合的方法处理食品试样，并制备成液体，再进行分析。本法测定得到的是氨基酸态氮，可用于各种样品中游离氨基酸含量的测定。由于玻璃电极的高抗干扰性能，对浑浊或有颜色的试液均可直接测定。本方法具有准确度高、快速、仪器装置简单、费用低等特点，是食品分析常用的测定方法。

三、仪器与试剂

1. 仪器

酸度计、磁力搅拌器(配套：电极、电极架、夹、磁力搅拌子、150 mL 烧杯)、10 mL微量碱式滴定管、甘汞电极、玻璃电极(已在去离子水中浸泡 24 h)。

2. 试剂

(1)NaOH 溶液：0.2mol·L^{-1}、0.05mol·L^{-1}标准溶液。

(2)中性甲醛：取 200 mL 甲醛溶液(400 g/L 市售)于 400 mL 烧杯中，置于电磁搅拌器上，边搅拌边用 0.05 mol·L^{-1}溶液调至 pH＝8.1。

(3)缓冲溶液(pH＝6.86)：0.025 mol·L^{-1} KH_2PO_4＋0.025 mol·L^{-1} Na_2HPO_4。

四、实验步骤

(1)用 pH=6.86 标准缓冲溶液将仪器定位。

(2)移取 25.00 mL 试液于 150 mL 烧杯中,置入一个搅拌磁子。将烧杯置于电磁搅拌器上,将电极、滴定管装配好。

(3)在搅拌中慢慢滴加(用小滴管)0.2 mol·L^{-1} NaOH 溶液以中和试液中原有的酸(果汁中的有机酸或分解样品后的残存酸),当滴至 pH=7.5 左右时,改用 0.05 mol/L NaOH 溶液滴至 pH=8.1(保持 1 min,此时用去的 NaOH 溶液不必记录)。接着,在搅拌下慢慢滴入 10 mL 中性甲醛溶液,1 min 后用 0.05 mol/L NaOH 标准溶液滴定至 pH=8.1,记录消耗的体积 V(mL)。

(4)用水代替试样溶液,按(2)~(3)的步骤操作。最后记录 NaOH 标准溶液的体积 $V_{空白}$(mL)。

五、数据处理

$$w=\frac{(V-V_{空白})\times c\times 0.014\times K}{m}\times 100\%$$

式中:w 为氨基酸态氮的质量分数;V 为加入甲醛后,滴定试样消耗 0.05 mol·L^{-1} 标准溶液的体积,mL;$V_{空白}$ 为空白试验时,消耗 0.05 mol·L^{-1} 标准溶液的体积,mL;c 为 NaOH 标准溶液浓度,mol·L^{-1};0.014 为氮的毫摩尔质量,g·mmol;$m_{试样}$ 为食品试样的质量,g;K 为试样稀释的倍数。

第八章 极谱法和伏安法

第一节 基本原理

伏安法和极谱分析法是根据测量特殊形式的电解过程中，电流-电位（电压）或电流-时间曲线来进行分析的方法，是电分析化学的一个重要分支。在含义上，伏安法和极谱法是相同的（有的书把伏安法和极谱法统称为极谱法），而两者的不同在于工作电极：伏安法的工作电极是电解过程中表面不能更新的固定液态或固态电极，如悬汞、汞膜、玻璃碳、铂电极等；极谱法的工作电极是表面能周期性更新的液态电极，即滴汞电极。

$$K = 607nD^{1/2}m^{2/3}t^{1/6} \tag{8.1}$$

$$i_d = 607nD^{1/2}m^{2/3}t^{1/6}c \tag{8.2}$$

式(8.2)即为扩散电流方程式——尤考维奇(Ilkovic)方程式。式中：i_d为平均极限扩散电流(μA)，即代表汞滴自开始形成至落下过程中汞滴上的平均电流；n 为电极反应中的电子转移数；D 为电极上起反应物质在溶液中的扩散系数(cm^2/s)；m 为汞流速度(mg/s)；τ 为滴汞周期(s)；c 为被测物质的浓度(mmol/L)。该式定量的阐明了极限扩散电流与浓度的关系。各项因素不变时，可合并为一个常数 K（$K=605nD^{1/2}m^{2/3}t^{1/6}$，称为尤考维奇常数），即在一定浓度范围内，扩散电流与被测物质浓度成正比

$$i_d = Kc \tag{8.3}$$

任一时刻的电流表示如下：

$$(i_d)_t = 706nD^{1/2}m^{2/3}t^{1/6}c \tag{8.4}$$

式(8.4)为瞬时电流扩散公式，表示滴汞电极的扩散电流$(i_d)_t$随时间而增加，也就是随着汞滴表面积的增长而做周期性的变化。当 $t=0$ 时，$(i_d)_t=0$；$t=\tau$（滴汞周期，即汞滴从开始生长到滴下所需的时间）时，$(i_d)_t$为最大，即

$$(i_d)_\tau=706nD^{1/2}m^{2/3}\tau^{1/6}c$$

1934 年，尤考维奇推导出了扩散电流方程式，它是极谱定量分析的基础。当电流等于极限电流的一半时相应的滴汞电极电位称为半波电位（用 $E_{1/2}$ 表示）。半波电位的概念是海洛夫斯基(Heyrovsky)于 1935 年提出的，不同的物质具有不同

的半波电位，这是极谱定性分析的根据。极谱分析最早是1922年捷克著名物理化学家海洛夫斯基创立的，他于1959年获得了诺贝尔化学奖。

极谱分析基本装置可分为以下三个基本部分。

(1)外加电压装置：提供可变的外加直流电压(分压器)。

(2)电流测量装置：包括分流器、灵敏电流计。

(3)电解池：极谱法装置的特点明显反映在电极上。

参比电极是去极化电极，其电极电位不随外加电压的变化而变化，通常将饱和甘汞电极(SCE)，置于电解池外边，用盐桥与电解池连接。去极化电极的必要条件：电极表面积要大，通过的电流(密度)要小，可逆性要好。

工作电极是一个表面积很小的极化电极，极谱中采用滴汞电极(DME)。储汞瓶中的汞沿着乳胶管及毛细管(内径约0.05 mm)，滴入电解池中，储汞瓶高度一定，汞滴以一定的速度(3～5秒/滴)均匀滴下。

极谱分析是一种在特殊条件下进行的电解过程。特殊性表现在以下两个方面。

(1)电极的特殊性。电极的特殊性表现在极谱分析通常是用一个面积很小的滴汞电极，电解时 i/S 很大，易产生浓差极化现象，是一个完全的极化电极；另一个电极通常是面积很大的参比电极(如，饱和甘汞电极)(而一般电解分析使用两个面积大的电极)，电解时 i/S 很小，不产生浓差极化现象，是一个完全的非极化电极，电极电位稳定不变。

(2)电解条件的特殊性。电解条件的特殊性表现在：①极谱分析是溶液保持静止的条件下进行电解的，并且使用了大量的电解质；②极谱分析是在逐渐增加外加电压的条件下进行的，测量的是电解过程中 $i-U$ 的关系曲线，并由此得到分析结果。

第二节　单扫描示波极谱法

单扫描示波极谱法是在经典极谱法的基础上发展起来的，因此它与经典极谱法既有相同之处，也有不同之处。

一、与经典极谱法的异同点

(1)相同点：加在电解池两极间的电压都是线性变化的直流电压，记录的都是 $i-U$ 曲线。

(2)不同点：电压扫描速度不同，经典极谱法电压扫描速度很慢(0.2 V/min)，记录的是一个较长时间的 $i-U$ 关系曲线；单扫描示波极谱法电压扫描速度很快(0.25 V/s)，记录的是一滴汞生长过程中一段时间内的 $i-U$ 关系曲线，由于时间很短，电流变化很快，所以无法用一般方法测量，只有借助于示波器才能测量。

二、基本电路

单扫描极谱法基本电路如图 8.1 所示。将线性电压发生器产生的随时间作直线变化的电压加在电解池的两极之间(DME 和对电极 Pt，三电极系统)，所产生的极谱电流在测量电阻 R 两端产生一个电压降 iR，将 iR 加在示波器的垂直偏向板上，因 R 固定，故 iR 反映 i 的大小，垂直偏向板代表 i 坐标；将 DME 与 SCE 之间的电势差加到示波器的水平偏向板上，因而水平偏向板代表的是 E_{de}(vs. SCE)，于是示波器的荧光屏上就会显示出 $i-E_{de}$ 曲线。

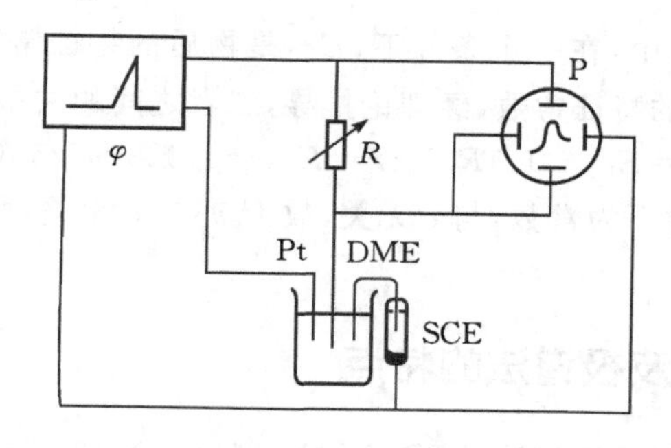

图 8.1 单扫描极谱法基本电路

目前的极谱仪都采用三电极系统，即除了工作电极和参比电极外，还有一支由铂丝做成的辅助电极。由工作电极与辅助电极组成电解回路，由工作电极和参比电极组成工作电极电位的监测回路，并通过仪器的设计把工作电极电位等速线性扫描的信号反馈到外加电压扫描器，以达到控制工作电极电位的目的。

三、示波极谱曲线

示波极谱曲线与经典极谱曲线不同，呈峰状。示波极谱曲线为何呈峰状？这是由于单扫描示波极谱法电压扫描速度很快(0.25 V/s)，当达到被测物质的分解电压时，被测物质迅速在 DME 还原，产生很大的极谱扩散电流，并很快出现浓差极化现象，此时，外加电压增加，不能增加电极反应的数量，而随时间延长，扩散层的厚度 δ 增加，所以电流下降。

示波极谱曲线上，电流的最大值称为“峰电流”，用“i_p”表示，其值与被测物质的浓度有关，可作为定量分析的基础；峰电位用“E_p”表示，在相同的条件下，不同的物质具有不同的峰电位，故 E_p 可作为极谱定性分析的依据。

四、峰电流方程式——极谱定量分析基础

对于可逆波，经理论推导，i_p 与被测物质浓度之间的关系为

$$i_p = 2.69 \times 10^5 n^{3/2} D^{1/2} v^{1/2} Ac$$

式中：i_p 为峰电流；n 为电子转移数；D 为扩散系数（cm^2/s）；v 为电压扫描速度（V/s）；A 为电极的面积（cm^2）；c 为被测物质的浓度（mol/L）。在一定的底液条件下，i_p 与 c 成正比，这是单扫描示波极谱定量分析的依据。

五、峰电位 E_p——极谱定性分析的基础

在经典极谱分析中，在一定条件下，$E_{1/2}$ 是物质的特征常数，而在单扫描示波极谱法中，E_p 是物质的特征常数，经理论推导，二者之间的关系为

$$E_p = E_{1/2} - 1.1RT/nF = E_{1/2} - 0.028/n (25\ ℃)$$

式中：$E_{1/2}$ 在一定条件下为常数，与 c 无关，故 E_p 亦与 c 无关，可作为极谱定性分析的依据。

六、单扫描示波极谱法的特点

(1)灵敏度高。经典极谱法的测定下限一般为 1×10^{-5} mol/L，而单扫描示波极谱法的测定下限达 1×10^{-7} mol/L。

(2)测量峰比测量波高易于得到较高的精度。

(3)分析速度快。经典极谱法完成一个波形的绘制需要数分钟（一般 2～5 min），而单扫描示波极谱法只需数秒（一般为 7 s）就绘制一次曲线。

(4)分辨率高。经典极谱法可分辨半波电位相差 200 mV 的两种物质。而单扫描示波极谱法在同样的情况下，可分辨峰电位相差 30～50 mV 的两种物质。

(5)前波的干扰小。经典极谱法的电流-电压曲线是呈锯齿状的阶梯波，当溶液中前面有较高浓度的先还原物质时，后还原低浓度物质的波形就有很大的振荡。先还原物质浓度大于被测物质浓度的 5～10 倍时测定就困难了。一般情况下，单扫描示波极谱法，可允许先还原物质的浓度为待测物质浓度的 100～1000 倍。JP 型仪器的抗先还原能力指标为 5000 倍。

(6)氧波的干扰小。因氧波为不可逆波，往往可不必除氧。

第三节　循环伏安法

若以等腰三角形脉冲电压(三角波电压)代替前述的锯齿波(见图 8.2(a)),施加于电解池两极上,就可以得到循环伏安图。以 Fe^{3+} 为例,图 8.2(b)中上半部是 Fe^{3+} 还原波,下半部是 Fe^{2+} 氧化波。

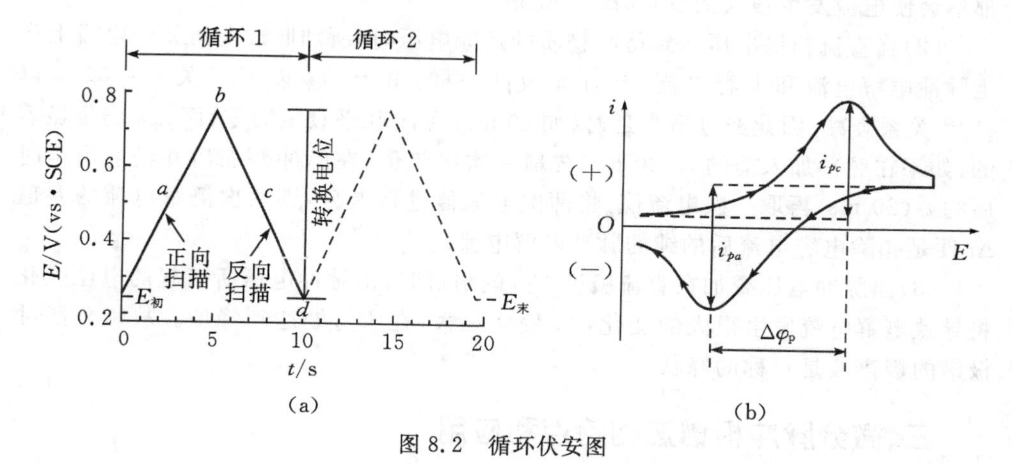

图 8.2　循环伏安图

循环伏安法的峰电流和峰电位方程式均与单扫描示波极谱法相同。若电极反应是可逆的,则曲线上、下两部分是基本对称的。由于 $D_a \approx D_c$,故 $i_{pa}/i_{pc} \approx 1$,则

$$\Delta E_p = E_{pa} - E_{pb} = 2.22\ RT/nF = 56.5/n \qquad (mV)$$

对于不可逆波,$\Delta E_p < 56.5/n(mV)$,$i_{pa}/i_{pc} < 1$。两峰电位相差越远,阴阳峰电流比值越小,则体系越不可逆。循环伏安法主要用于研究电极反应机理,测定电极反应的电子转移数,判断电极反应的可逆性等。

第四节　脉冲极谱法

由于方波极谱存在上述问题,1960 年巴克提出了脉冲极谱法,在一定程度上克服了这些问题。按照施加脉冲电压及记录电解电流的方式不同,脉冲极谱法可分为常规脉冲极谱(NPP)和微分(示差)脉冲极谱(DPP)两种。以下介绍微分(示差)脉冲极谱法。

一、原理

在方波极谱中，方波电压是连续的；而微分脉冲极谱是在缓慢线性变化的直流电压上，于每一滴汞生长的末期叠加一个等振幅 ΔE 为 10～100 mV、持续时间为 40～80 ms 的矩形脉冲电压。

(1)当脉冲电压叠加在直流极谱的残余电流或极限扩散电流部分的电压上时，都不会使电流发生很大的变化，Δi 变化很小。

(2)当直流扫描电压达到待测物质的还原电压时，所加脉冲电压就使电极上产生脉冲电解电流和电容电流，与方波极谱一样，由于 $i_{电解}$ 以 $t^{-1/2}$ 关系衰减，i_c 以 $e^{-t/RC}$ 关系衰减，因此经过适当延时(如 40 ms)后，i_c 几乎衰减为零，而 $i_{电解}$ 仍是显著的；如果在脉冲加入前的 t_1(20 ms)先取一次电流值，在脉冲叠加后并经适当延时后的 t_2(20 ms)再取一次电流值，将两次电流值进行差分，则两次测量电流的差值 Δi 便是扣除电容电流后的纯的脉冲电解电流。

(3)当脉冲电压叠加在直流极谱 $E_{1/2}$ 的附近时，由脉冲电压所引起的电位变化将导致电解电流发生很大的变化，Δi 变化很大，在 $E_{1/2}$ 处达到峰值。故微分脉冲极谱的极谱波是对称的峰状。

二、微分脉冲极谱法的特点和应用

1. 特点

(1)灵敏度高：因为比较有效地减少了充电电流及毛细管的噪声电流(随时间而衰减)，所以灵敏度高，可达 10^{-8} mol/L。对不可逆的物质，亦可达 10^{-6}～10^{-7} mol/L。如果结合溶出技术，灵敏度可达 10^{-10}～10^{-11} mol/L。

(2)可使用低浓度支持电解质，检出限低：根据 $i_c=U_s/R\cdot e^{-t/RC}$ 可知，由于脉冲极谱法中，叠加的脉冲电压持续时间(40 ms)比方波极谱法(2 ms)长得多，所以，在满足电容电流衰减的情况下，可允许较大的 R。

(3)分辨力强：由于微分脉冲极谱波呈峰状，所以分辨力强，两个物质的峰电位只要相差 25 mV 就可以分开；即使前放电物质的允许量大，前放电物质的浓度比被测物质高 5000 倍，也不干扰。

2. 应用

综合以上特点，微分脉冲极谱法可用于许多有机物的测定，是目前灵敏度较高的一种极谱方法。

第五节 阳极溶出伏安法

阳极溶出伏安法包含电解富集和电解溶出两个过程。

1. 电解富集过程

它是将工作电极固定在产生极限电流电位的点（图 8.3 中 D 点）上进行电解，使被测物质富集在电极上。富集物质的量与电极电位、电极面积、电解时间和搅拌速度等因素有关。可用下式描述：

$$t_x = -[V\delta \lg(1-x)]/0.43DA$$

式中：t_x 为电解时间；x 为电解完成的分数；A 为电极面积；D 为电活性物质的扩散系数；δ 为扩散层的厚度。为了提高富集效果，可使电极旋转的同时搅拌溶液，以加快被测物质输送到电极表面。

2. 电解溶出过程

经过一定时间的富集后，停止搅拌，再逐渐改变工作电极电位，电位变化的方向应使电极反应与上述富集过程电极反应相反。记录所得的电流-电位曲线，称为溶出曲线，呈峰状，如图 8.3 所示，峰电流的大小与被测物质的浓度有关。

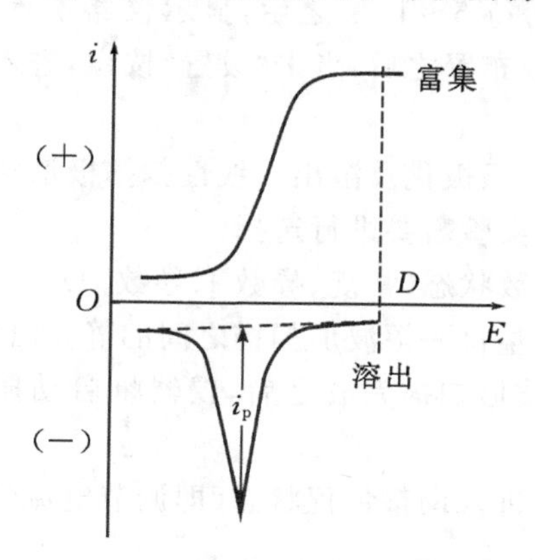

图 8.3 阳极溶出伏安法极化曲线

在这里，电解富集时，工作电极作为阴极，溶出时则作为阳极，称之为阳极溶出法。相反，工作电极也可作为阳极来电解富集，而作为阴极进行溶出，这样就叫作阴极溶出法。

待测离子在阴极上预电解富集，溶出时发生氧化反应而重新溶出，产生溶出时，工作电极上发生的是氧化反应，称为阳极溶出伏安法。

电解富集（阴极）：$M^{+}+ne^{-}+Hg \rightleftharpoons M(Hg)$

溶出（阳极）：$M(Hg) \rightleftharpoons M^{+}+ne^{-}+Hg$

在测定条件一定时，峰电流与待测物浓度成正比。

第六节　JP－2C/D 型示波极谱仪的使用

JP－2C/D 型极谱分析仪是在 JP－2 和 JP－2A 基础上根据用户需要设计的最新一代嵌入式系统控制的智能化分析仪器。仪器采用 TFT 真彩色液晶触摸薄屏显示器（并可接 USB 鼠标操作），通过屏幕菜单指导使用者进行操作。仪器的各种模式（用户自定 5 种和通用）、参数，全部由嵌入式系统设定、控制并存储起来。在测试过程中实时显示极谱曲线。因此，JP－2C/D 型极谱分析仪是一种使用灵活、操作简便的自动测量仪器。

在实测前，请熟悉主机的各种功能和操作，反复练习、操作。下面叙述仪器的主要功能、菜单。以下为一次完整的测量过程。

1. 测量过程

（1）打开仪器电源，等待 5～10 s 之后，显示仪器主界面，不要急于操作，等待 1～2 s 等主界面完成参数布置之后，点击“设置”按钮，进入参数设置界面。

（2）设置参数菜单。

①测试方法：阴极化、阳极化及溶出。线性扫描极谱法（阴、阳极化），溶出伏安法（阴、阳极化）。可根据实验需要进行选择。

②工作模式：调整导数状态（常规、导数 I、导数 II）。

③扫描间隔时间：调整每一幅波形扫描之间的静止时间。

例如 5 s，即当一屏波形扫描完成之后，仪器将启动振动器，然后，静止 5 s 开始扫描新的一屏波形。

④量程（电流倍率）：进入调整量程状态（即调节电流倍率），进入极谱电流的量程（共 23 档）设定。

⑤补偿：进入调整（斜度）补偿状态。常规极谱曲线的斜度补偿量的最大调节量为±127。调节补偿时，常规极谱波基线倾斜可得到校正。需要注意的是斜度补偿会改变常规波的波峰数据，对标准和样品应使用同样的补偿量。

⑥电位：进入调整起始电位状态（即调节原点电位）。将极谱扫描电压的起始电位，设置成需要的参数之后，可以点击“保存参数”按钮，进入保存参数界面，按上面所述方法完成参数保存。

⑦返回主界面，点击“运行”按钮，开始扫描。待扫描 2 幅波形以上之后，点击“停止”按钮。

⑧点击“分析”按钮，根据提示点击“确定”，进入分析界面，保存波形，调节测量框的位置。

如此重复上面的操作，扫描“标准溶液”和“样品溶液”，在此过程中如果波形过小或过大，可以调节量程按钮↑和↓来调整量程。

⑨然后，可以通过翻页键查看标准溶液波形和样品溶液波形，分别在标准溶液波形和样品溶液波形页面，点击“测量标准”和“测量样品”按钮，然后点击“计算”，计算结果并自动添加到计算结果列表中。至此一次完整的比较法测量完成。

也可以通过调用以前保存的标准作为当前标准溶液数值。

2. 注意事项

(1)如果仪器测试时极谱曲线呈一根直线(高灵敏度量程亦如此)而仪器自检正常，通常是电极系统和电极电缆方面的问题。请检查毛细管是否在滴汞，滴汞电极和甘汞电极中是否有气泡阻断通路，三根电极电缆是否插错、断线等。每当更换了毛细管后，请在靠近滴汞电极处反复用力小心挤压输汞软管，务必排除滴汞电极不锈钢接头体中的全部气泡。如果电极电缆插头断线，可旋开插头重新焊接。

(2)如果毛细管下端洞口被堵塞，可将其在溶液中浸泡一段时间，然后反复用力小心挤压输汞软管，使汞滴能自由滴落。实在不行，可将毛细管下端堵塞处截去一小段(切口应整齐)或更换一根新的毛细管。

(3)测量时三支电极应置于电解池中部，不能与电解池壁相碰，以免影响测试的重现性。

(4)电极系统应放置于不受外界震动影响的坚固的工作台上。仪器工作时应避免外界的震动，以免影响测试的重现性。对低含量物质的测定应尤其注意。

(5)本仪器的测试方法分设阴极化法和阳极化法。

(6)使用滴汞电极测量时应正确设置扫描参数，使仪器扫描周期小于汞滴的自由滴落周期，以便震动器同步汞滴。汞滴的自由滴落周期决定于毛细管孔径，并可用升降汞池的位置来调整；而仪器的扫描周期由静止时间和扫描时间之和决定。本仪器扫描周期为 7 s，其中扫描 2 s。

(7)本仪器仅在“测试运行”期间才接通参比(甘汞)电极和辅助(铂)电极，这样可避免测试前的电极反应所带来的影响。

(8)测量某种物质时，应该选择适当的支持电解质制备溶液，使被测物质在这种底液中的极谱波灵敏度高，又不易受干扰。使用者可在说明书后的附录和其他有关文献资料中查找。

(9)最佳滴汞时间:仪器处于停止状态、毛细管在溶液中时,滴汞周期大于 7 s 小于 14 s,仪器最佳调节静止时间为 5 s。

第七节　JP－303 型极谱仪

JP－303 型极谱仪,是由专用微机控制的全自动智能分析仪器。仪器采用彩色薄膜功能键和 CRT 显示器实现全汉字的人机对话,通过屏幕菜单和提示行指导使用者进行操作。仪器的各种方法、参数,全部由微机设定、控制并存储起来。在测试过程中实时显示极谱曲线,进行各种数据处理和统计学误差处理。因此 JP－303 型极谱分析仪,是一种使用灵活、操作简便的傻瓜式自动测量仪器。

对于初次使用本仪器的操作者,请按下述步骤制备试验溶液(或采用自己熟悉的标准溶液),反复做几次试验性测试,以便尽快熟悉和掌握本仪器的使用方法。

1. 制备试验溶液

建议试剂用分析纯试剂,稀释溶液的水用二次蒸馏水,称样分析天平的误差小于万分之一,容量瓶、吸液管等均采用一等品。

先用清水冲洗制备溶液的玻璃器皿,再用重铬酸钾洗液洗净,然后用一次蒸馏水冲洗 7～8 次,再用二次蒸馏水冲洗 3～4 次,放入烘烤箱内在 100 ℃温度下干燥后备用。

(1)制备 1×10^{-3} mol/L 镉标准溶液。

称取纯金属镉 0.1124 g 于 100 mL 烧杯中,加浓盐酸 5 mL、浓硝酸 1 mL,加热使镉全部溶解,蒸至近干。再加浓盐酸 1 mL,加热蒸至近干后再加浓盐酸 10 mL,移入 1000 mL 容量瓶中,用二次蒸馏水稀释至刻度并摇匀。

(2)制备 1 mol/L 氨氯化铵底液(简称氨底液)。

称取 53.4 g 优级纯氯化铵于 1000 mL 烧杯中,加 500 mL 二次蒸馏水溶解后移入 1000 mL 容量瓶中,再加 77 mL 分析纯浓氨水,10 g 分析纯无水亚硫酸钠,摇动溶液使亚硫酸钠完全溶解,再加新配制的 0.1%的动物胶 10 mL,用二次蒸馏水稀释至刻度并摇匀。

(3)制备 1×10^{-5}、8×10^{-6}、6×10^{-6}、4×10^{-6}、2×10^{-6} mol/L 镉溶液。

准确吸取 1×10^{-3} mol/L 镉标准溶液 10 mL 于 100 mL 烧杯中,加热蒸至近干,加入氨底液溶解残渣,移入 100 mL 容量瓶中,用氨底液稀释至刻度并摇匀,即配制成 1×10^{-4} mol/L 的镉溶液。

再用 1×10^{-4} mol/L 镉溶液和氨底液稀释配制 1×10^{-5}、8×10^{-6}、6×10^{-6}、4×10^{-6}、2×10^{-6} mol/L 镉溶液。

2. **设定测试方法、参数和定量方法**

接通电源输入日期后，依次进入各个菜单选择和设定。“运行方式”菜单中选择“新建测试方法”，“新建测试方法”中选择“线性扫描极谱法”，“导数”选择“0”，“量程”选择“3”，“扫描次数”选择“4”，“扫描速率”选择“500”，“起始电位”选择“－300”，“终止电位”选择“－1300”，“静止时间”选择“5”(配合毛细管)，“含量单位”选择“ug”，“提前电位”选择“50”，“自动校零”选择“YES”，“震动电极”选择“YES”，“坐标网格”选择“YES”，“寻峰窗宽”选择“400”，“最小峰高”选择“1”，“数字滤波”选择“3”，“本底曲线”选择“0”，“扣除本底”选择“NO”，“平均曲线”选择“YES”，“数字微分”选择“NO”，“波峰反相”选择“NO”，“定量方法”选择“标准曲线法”(比如0＃)。

3. **测量** 2×10^{-6} mol/L **镉溶液**

将汞池升高，把盛有试验溶液的电解池套入电极(电极插入溶液)，固定好位置，观察汞滴的自由滴落周期，该周期应大于静止时间和扫描时间之和(7 s)。调整汞池位置的高度，使之达到要求(否则减小静止时间)，再把限位环降至汞池托处定位。

按“运行”键，启动仪器开始测量(注意观察：正常情况下汞滴是在扫描结束时被震动器震落的，否则应调低汞池位置)，根据屏幕上实时显示的极谱曲线，配合调整“量程”、“补偿”(斜度)、“调零”等键(调整时用数字键可设定步进量，按“∧∨”键步进改变数值，按“YES”键确认改变值，按“复原”键可恢复原数值)，使得在屏幕电位坐标－540 mV(波峰电位－840 mV)左右处出现一个形状规则的常规极谱波镉峰。(在运行测试过程中按“电位”键后用“＜ ＞”键调整原点电位，再按“YES”键重新运行测试，可以平移设定极谱波在屏幕上的位置。)

按“导数”键后用数字键或“∧∨”键和“YES”键设定：“导数”选择“1”，再按“运行”键重新测试运行，在屏幕电位坐标为－520 mV(波峰电位为－820 mV)左右处将出现一次导数极谱波镉峰。波峰的大小和上下位置用“量程”、“调零”键调整。

观察镉峰附近平均曲线和4次测量曲线的重合情况：若重合不好，重新运行；若重合良好，用“∧∨”键设定“波高基准”项下“后谷”量峰算法，按“YES”键进行数据处理，获得波峰数据。

按“＜ ＞”键平移寻峰窗口，使镉峰完整地处于窗口中，再按“YES”键，又一次进行数据处理，获得波峰数据。

按“存储”键后选择“标准波峰数据”项，按“YES”键后再用“∧∨”键选择“波峰数据”菜单中镉峰电位对应数据项，用“数字”键(比如0)设定“标准数据”项下的标准组号，再按“YES”键即可把镉峰数据存入该组号(0＃)中。然后用数字键对应输入该标准溶液的浓度含量值0.2248(μg/mL)，即 2×10^{-6} mol/L。

移开电解池，然后用洗液瓶冲洗电极，再用滤纸拭干。

4. **测量** 4×10^{-6}、6×10^{-6}、8×10^{-6}、1×10^{-5} mol/L **镉溶液**

该测量仍然在一次导数下进行操作、调整、测量、存储。注意此时不能改变汞池位置，也不能改变除“调零”“量程”和“寻峰”窗口之外的其他参数。

5. **处理标准数据**

按“标准”键后选择“标准曲线法”项，再按“YES”键或数字键（比如 0）进入核查数据状态。在“标准数据”菜单中显示的白底闪烁黑字指示的是标准数据组号，在该组号下的标准 0、1、2、3、4 项上依次列有前面存储的 5 组电位、电流、含量数据。请检查电位数据是否为同一标准系列的波峰数据，将错存入项用“∧∨”键选中后再用“CLR”键删除。如果含量数据有误，可重新输入。如果需要换一组标准数据，可按“退回”键后再按数字键。

6. **打印标准数据**

如果需要列表打印标准数据，请开启打印机，按“打印”键进入设定编号状态，再按数字键和“ENT”键或“∧∨”和“YES”键后即可把显示的本组标准数据列表打印。打印结束后编号自动加 1。

7. **制作校准曲线**

按“计算”键后，仪器立刻进行线性回归分析，同时显示出校准曲线、回归方程、相关系数和标准误差。如果校准曲线达不到要求，可退回删除偏差大的项，然后补测。

8. **打印校准曲线**

如果需要“校准曲线报告”，请开启打印机，按“打印”键，仪器先把屏幕图形用黑底大网格重画一遍（使打印出的图形便于观看）后，进入准备打印前的设定编号状态。按“数字”键和“ENT”键或“∧∨”和“YES”键设定打印编号后，仪器进入输出打印状态，并启动打印机打印屏幕显示内容。打印内容传送完后，打印编号自动加 1。如果还需要把标准数据打印在图形下，按“退回”键后再按步骤 6 操作即可。

9. **测量** 6×10^{-6} mol/L **镉溶液浓度**

仪器处于选择操作状态时按“计算”键，然后用“∧∨”键选择“波峰数据”菜单中的镉峰电位对应数据项，用数字键确定“标准数据”项下对应的镉标准组号（0＃校准曲线）后，再按“YES”键即可获得实测的镉溶液浓度含量（测定结果）。

10. **打印极谱曲线**

如果需要“极谱曲线报告”，操作方法与步骤 8 相同；如果不需要打印报告，请把“测定结果”直接抄写在操作者的测试报告上。

11. **存储样品数据**

如果需要处理和列表打印样品数据，请按“存储”键进入存储样品状态，用数字键设定“样品数据”项下的样品分组号，再按“YES”键即可把“测定结果”中的电位、电流、含量等数据存入该组号中(“样品数据”项下的数字自动加1)。

12. **存储测试方法**

按两次“退回”键，仪器进入选择操作状态后再按“存储”键，选择“测试方法参数”项后按“YES”键，仪器进入存储方法状态。用“∧∨”键选择“方法编码”菜单中任一方法号并用“数字”键键入自定的数字编码后，当前测试方法的全部参数即存入选中的方法号中。日后测量同样物质时可直接调用库方法中该方法号，即可在相同参数下进行测试。建议操作者把常用方法存储起来，在多元素连测时反复调用库方法，可极大地简化操作和避免出错，这是全自动仪器最突出的特点。

13. **处理样品数据**

按“方法”键和“退回”键或按“复位”键和“YES”键进入确定方式状态，在“运行方式”菜单中选择“处理库存数据”项，按“YES”键后仪器进入核查数据状态。在“样品数据”菜单中显示的白底闪烁黑字指示的是样品数据分组号，该组号下的数据0,1,2,…项上依次列有该组中存储的各个样品数据。请核查这些数据，把错存入项用“∧∨”键选中后用“CLR”键删除。如果需要换一组数据，请按“数字”键。如果本组数据是同一样品的多次测定值，需要进行统计学处理，按“计算”键即可得到该组样品的平均数MD、标准偏差SD和变异系数CV。

14. **打印样品数据**

开启打印机，按“打印”键进入设定编号状态，按“数字”键和“ENT”键或“∧∨”和“YES”键后即可把显示的本组数据列表打印。打印结束后编号自动加1。

15. **结束操作**

仪器使用完毕后，把电极冲洗干净，用滤纸拭干，让毛细管汞滴滴落几滴后，再把汞池缓缓降到限位杆处(最好使输汞软管最低点也高于毛细管口)，使毛细管口保留一小滴汞滴(不再滴汞)，把毛细管静置在空气中保存；或者把毛细管(另两支电极除外)单独浸入蒸馏水中保存(随时注意加水，用水封住毛细管口)。请操作者务必认真按照上述步骤操作，避免毛细管堵塞。

实验一　循环伏安法测亚铁氰化钾

一、实验目的

(1)学习固体电极表面的处理方法。

(2)掌握循环伏安法的实验原理、实验参数的确定、实验数据的处理及分析。

(3)掌握用循环伏安法判断电极过程的可逆性。

(4)学会使用电化学工作站的循环伏安法操作技术。

二、实验原理

循环伏安法是电化学基础研究和电分析方法的最基本内容,有着“电化学的眼睛”之称。通过循环伏安法可以了解某一化学物质在一个特定的电极表面、特定的电解质条件下发生电子转移的可能性以及反应进行的程度和更多的其他化学信息。而 $K_3[Fe(CN)_6]/K_4[Fe(CN)_6]$ 的循环伏安法则是学习本方法最初步、最典型的单元实验。

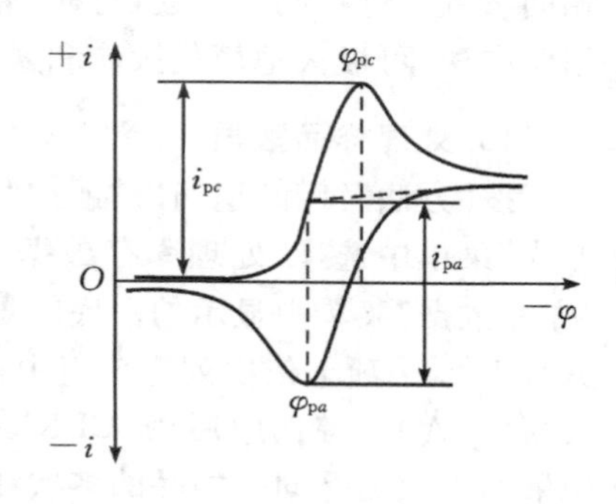

图 8.4　典型循环伏安法电流-电位曲线

循环伏安法采用直流电压随时间线性变化的扫描技术,是指在电极上施加一个线性扫描电压,当达到某设定的终止电位时,再反向回归至某一设定的起始电位,循环伏安法电流-电位曲线和激发信号如图 8.4 和图 8.5 所示。

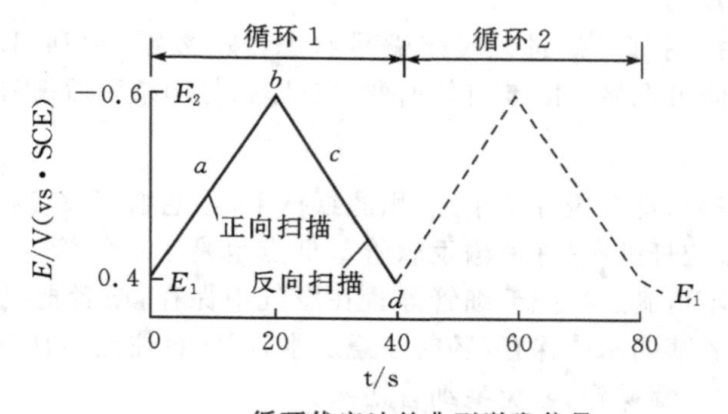

图 8.5　循环伏安法的典型激发信号

若开始扫描的起始电位 E_i 较负,当其随时间 t 正向线性变化,扫描速率为 v (V/s)时,电极电位 E 的表达式为

$$E = E_i - vt \tag{8.5}$$

对 $K_3Fe(CN)_6/K_4Fe(CN)_6$ 而言,当电极电位 E 由开始的 E_1(如 0.4 V)达到终止

电压 E_2(如-0.6 V)时,下列电极反应从左向右进行:

$$[Fe(CN)_6]^{3-} + e^- \xlongequal{} [Fe(CN)_6]^{4-} \qquad (8.6)$$

再反向从 E_2 回扫至起始电压 E_1 时,上述反应的逆过程如下所示:

$$[Fe(CN)_6]^{4-} - e^- \xlongequal{} [Fe(CN)_6]^{3-} \qquad (8.7)$$

写成一般形式,如一个氧化还原电对的氧化型为 O,还原型为 R,且电极反应满足可逆条件,则循环伏安法的一般反应形式为

$$O + ne^- = R \qquad (8.8)$$

铁氰化钾离子$[Fe(CN)_6]^{3-}$-亚铁氰化钾离子$[Fe(CN)_6]^{4-}$氧化还原电对的标准电极电位为

$$[Fe(CN)_6]^{3-} + e^- = [Fe(CN)_6]^{4-},\quad \varphi^\theta = 0.36\ \text{V(vs. NHE)} \qquad (8.9)$$

电极电位与电极表面活度的能斯特方程式为

$$\varphi = \varphi^\theta + RT/F\ln(C_{O_x}/C_{R_d}) \qquad (8.10)$$

由循环伏安图可确定氧化峰电流 i_{Pa}、还原峰电流 i_{Pc} 和氧化峰电位 E_{pa}、还原峰电位 E_{pc} 值。25 ℃时,峰电流 i_p 可表示为

$$i_p = 269An^{3/2}D^{1/2}v^{1/2}C \qquad (8.11)$$

式中:i_p 的单位为安培(A);A 为工作电极面积(cm^2);D 为扩散系数(cm^2・s^{-1});v 为扫描速度(V・s^{-1});n 为电子转移数。可见峰电流与被测物质浓度 C 为正比关系,这是循环伏安法可以用来定量分析的基础。

对于可逆体系:

(1)氧化峰电流与还原峰电流比满足:

$$|i_{pa}/i_{pc}| = 1$$

(2)氧化峰电位与还原峰电位差 ΔE 满足:

$$\Delta E = E_{pa} - E_{pc} \approx 0.058/n\ \text{(V)}$$

$$E' = (E_{pa} + E_{pc})/2$$

由此判断电极反应的可逆性。

三、仪器与试剂

1. 仪器

循环伏安仪(CHI660,LK-98BⅡ),工作电极(金盘、玻碳盘电极)、对电极(铂丝)和参比电极(甘汞电极)。

2. 试剂

(1)2.0×10^{-2} mol/L $K_3[Fe(CN)_6]$标准溶液:称 1.6463 g $K_3[Fe(CN)_6]$固体溶于 250 mL 容量瓶中。

(2)5.0 mol/L H_2SO_4:271.7 mL 浓 H_2SO_4 稀释至 1000 mL。

四、实验步骤

1. 指示电极的预处理

玻碳电极用 Al_2O_3 粉末(粒径 0.05 μm)将电极表面抛光,然后用蒸馏水清洗,滤纸吸干水分。

2. 标准溶液系列的配制

分别取 1.0、1.5、2.0、2.5、3.0 mL 2.0×10^{-2} mol/L $K_3[Fe(CN)_6]$标准溶液于 25 mL 容量瓶中,再加入 5 mL 5.0 mol/L H_2SO_4,加水至刻度,摇匀。

3. 支持电解质的循环伏安图

在电解池中放入 1.0 mol·L^{-1} H_2SO_4 溶液,插入电极,以新处理的玻碳电极为工作电极(红色夹子),铂丝电极为辅助电极(绿色夹子),饱和甘汞电极为参比电极(白色夹子)。然后循环伏安仪设定,扫描速率为 20 mV/s;起始电位为+0.4 V;终止电位为−0.6 V,灵敏度为 0.0001。静置 1 min 后,开始循环伏安扫描,记录循环伏安图。

4. 不同浓度 $K_3[Fe(CN)_6]$溶液的循环伏安图

分别作 0.08、0.12、0.16、0.20、0.24 mol·L^{-1} 的 $K_3[Fe(CN)_6]$溶液(均含支持电解质 H_2SO_4 浓度为 1.0 mol·L^{-1})的循环伏安图。每次扫描之前,必须将电极表面用蒸馏水清洗,用滤纸将水吸干。

5. 不同扫描速率下 $K_3[Fe(CN)_6]$溶液的循环伏安图

在 0.16 mol·L^{-1} $K_3[Fe(CN)_6]$溶液中,以 4 mV/s、9 mV/s、16 mV/s、25 mV/s、36 mV/s、49 mV/s、64 mV/s,在+0.4 至−0.6 V 电位范围内扫描,分别记录循环伏安图。

五、数据处理

(1)由 $K_3[Fe(CN)_6]$溶液的循环伏安图测定 i_{pa}、i_{pc}和 E_{pa}、E_{pc}值。

(2)分别以 i_{pa}和 i_{pc}对 $K_3[Fe(CN)_6]$浓度作图,说明浓度与峰电流的关系。

(3)分别以 i_{pa}和 i_{pc}对 $v^{1/2}$作图,说明扫描速率对 i_p的影响。

(4)计算氧化峰电位与还原峰电位的差值 ΔE_p及氧化峰电流与还原峰电流比 $|i_{pa}/i_{pc}|$,以此判断电极反应的可逆性。

(5)扫描速率对 ΔE_p的影响。

六、注意事项

(1)溶液中的溶解氧具有电活性,体系进行测试前应通入惰性气体 N_2 除去溶解氧。

(2)实验前电极预处理非常重要,电极一定要处理干净,才能使实验中 $K_3[Fe(CN)_6]/K_4[Fe(CN)_6]$体系的峰电位差值接近其理论值(56.5 mV),否则误差较大。

(3)为了使液相传质过程只受扩散控制,应在加入电解质和溶液处于静止时进行电解。

七、问题与讨论

(1)循环伏安法为什么要在静止溶液条件下完成扫描?

(2)工作电极使用前为什么要处理干净且光滑?

实验二 示波极谱测定铅

一、实验目的

(1)了解单扫示波极谱的原理及其特点。

(2)初步掌握 JP-2 型示波极谱仪的使用方法。

(3)用络合吸附波测定铅。

二、实验原理

单扫描示波极谱的原理,与普通极谱基本相似,是在含有被测离子的电解池的两个电极上,施加一随时间作直线变化的电压(称扫描电压),在示波器的荧光屏上显示电流电压曲线。所不同的是单扫描示波极谱是一滴汞的生长后期以 0.25 $V \cdot s^{-1}$ 的速度扫描,由于扫描的速度非常快(普通极谱一般为 0.2 $V \cdot min^{-1}$),达到可还原物质的分解电压时,该物质在电极上迅速地还原,产生很大的电流。由于可还原物质在电极附近的浓度急剧下降,而溶液本体中的可还原物质又来不及扩散到电极,因此,电流迅速下降,直到电极反应速度与扩散速度达到平衡。这样示波极谱的极谱曲线呈现尖峰形状。对于可逆电极反应,峰电流 i_p 与可还原物质的关系,可

用下式表示

$$i_p = 2.72 \times 10^5 n^{3/2} D^{1/2} A v^{1/2} C$$

对于滴汞电极：

$$i_p = 2.31 \times 10^5 n^{3/2} D^{1/2} m^{2/3} t_p^{2/3} v^{1/2} C$$

式中：t_p为汞滴生长至出峰的时间(s)；v 为扫描速度($V \cdot s^{-1}$)，其他与尤考维奇方程式相同。由此可见，在其他条件相同时，峰电流与去极剂的浓度成正比，这是定量分析的根据。

本实验是在酒石酸、KI 底液中用单扫示波法测定 Pb^{2+}。在 KI 存在条件下，Pb^{2+} 与 I^- 形成络离子，在电极上被吸附后可逆还原，形成灵敏的络合物吸附液，其峰电位为－0.59 V(对 SCE)附近。此法适于人发、矿样和一些化学试剂等试样中铅的测定。

三、仪器与试剂

1. 仪器

JP－2 型示波极谱仪。

2. 试剂

(1)1％抗坏血酸溶液。

(2)10％酒石酸溶液。

(3)10％碘化钾溶液。

(4)铅标准溶液：称取 0.1599 g $Pb(NO_3)_2$，加几滴 HNO_3 1∶3，加水溶解，转移至 100 mL 容量瓶中，用水冲至刻度，即得含铅 1mg/ mL 的标液。使用时稀释到含铅 50 μg/ mL。

四、实验步骤

(1)调好示波极谱仪。

(2)在 7 个 10 mL 容量瓶中，分别加入 1.0 mL 10％酒石酸、0.3 mL 1％抗坏血酸、0.5 mL 10％ KI 溶液，再分别加入 0、0.1、0.2、0.4、0.6、0.8 mL 50 μg/ mL 铅溶液，用水冲稀至刻度，摇匀。由低浓度到高浓度作示波图，记下峰电流高度。

(3)取 5.0 mL 水样，如上述加入酒石酸等试剂，最后用水冲稀至刻度，摇匀。在与步骤(2)相同条件下作示波图，记下峰高。

五、数据处理

以铅浓度为横坐标，峰高为纵坐标作图得工作曲线。由工作曲线查出水样的含铅量，并换算成原水样中铅的浓度，以 mg/L 表示。

六、问题与讨论

示波极谱的主要特点是什么？与经典极谱相比它为什么能提高灵敏度和分辨能力。

实验三　溶出伏安法测定水中的Pb(Ⅱ)、Cd(Ⅱ)

一、实验目的

(1)熟悉溶出伏安法的基本原理。
(2)掌握汞膜电极的使用方法。
(3)了解一些新技术在溶出伏安法中的应用。

二、实验原理

溶出伏安法的测定包含两个基本过程。首先将工作电极控制在某一条件下，使被测物质在电极上富集，然后施加线性变化电压于工作电极上，使被富集的物质溶出，同时记录电流(或者电流的某个关系函数)与电极电位的关系曲线，根据溶出峰电流(或者电流函数)的大小来确定被测物质的含量。

溶出伏安法主要分为阳极溶出伏安法、阴极溶出伏安法和吸附溶出伏安法。

本法使用玻碳电极为工作电极，采用同位镀汞膜测定技术。这种方法是将分析溶液中加入一定量的汞盐(通常是 $10^{-5}\sim10^{-4}$ mol·L^{-1} $Hg(NO_3)_2$)，当被测物质在所加电压下富集时，汞与被测定物质同时在玻碳电极的表面上析出形成汞(汞齐)膜。然后在反向电位扫描时，被测物质从汞中“溶出”，产生“溶出”电流峰。

在酸性介质中，当电极电位控制位为－1.0 V(sv. SCE)时，Pb^{2+}、Cd^{2+} 与 Hg^{2+} 离子同时富集在玻碳工作电极上形成汞膜。然后当阳极化扫描至－0.1V时，可得到两个清晰的溶出电流峰。铅的波峰电位约为－0.4 V左右，而镉的为－0.6 V左右(sv. SCE)。本法可分别测定含量低至 10^{-11} mol·L^{-1} 的铅、镉离子。

三、仪器与试剂

1. 仪器

伏安仪、玻碳工作电极、甘汞参比电极及铂辅助电极组成测量电极系统，磁力搅拌器，纯氮气(99.9%以上)，50 mL 容量瓶若干。

2. 试剂

(1)1.0×10^{-2} mol·L^{-1}铅离子标准储备溶液。

(2)1.0×10^{-2} mol·L^{-1}镉离子标准储备溶液。

(3)5×10^{-3} mol·L^{-1}硝酸汞溶液。

(4)1 mol·L^{-1}盐酸。

四、实验步骤

1. 预处理工作电极

将玻碳电极在6#金相砂纸上小心轻轻打磨光亮，成镜面。用蒸馏水多次冲洗，最好是用超声波仪器清洗 1～2 min。用滤纸吸去附着在电极上的水珠。

2. 配制试液

取两份 25.0 mL 水样置于 2 个 50 mL 容量瓶中，分别加入 1 mol·L^{-1} HCl 5 mL、5×10^{-3}mol·L^{-1}硝酸汞溶液 1.0 mL。在其中一个容量瓶中加入 1.0×10^{-5}mol·L^{-1}铅离子标准溶液 1.0 mL 和 1.0×10^{-5}mol·L^{-1}镉离子标准溶液 1.0 mL(铅、镉标准溶液用标准贮备溶液稀释配制)。均用蒸馏水稀释至刻度，摇匀。

3. 测定

将未添加 Pb^{2+}、Cd^{2+}标准溶液的水样置于电解池中，通 N_2 5 min 后放入清洁的搅拌磁子，插入电极系统。将工作电极电位恒于－0.1 V 处再通入 N_2 2 min。启动搅拌器，调工作电极电位至－1.0 V，在连续通 N_2 和搅拌下，准确计时，富集 3 min。停止通 N_2 和搅拌，静置 30 s。以扫描速度为 150 mV/s 反向从－1.0 V 至－0.1 V 阳极化扫描，在 $x-y$ 记录仪上记录伏安图。

将电极在－0.1 V 电位停留，启动搅拌器 1 min，使电极上的残留物去除。按上述方法重复测定一次。

按上述操作手续，测定加入 Pb^{2+}、Cd^{2+}标准溶液的水样，同样进行两次测定。

如果所用仪器有导数电流或半微分电流工作方式，则可按上述测定方法选做 1～2 个方式。

测量完成后，置工作电极电位在+0.1 V处，开动电磁搅拌器清洗电极3 min，以除掉电极上的汞。取下电极清洗干净。

五、数据处理

(1)列表记录所测定的实验结果。

(2)取两次测定的平均峰高，计算水样中Pb^{2+}、Cd^{2+}的浓度。

六、问题与讨论

(1)溶出伏安法有哪些特点？

(2)哪几步实验步骤应该严格控制？

第九章　库仑分析法

第一节　法拉第电解定律及库仑分析法概述

一、法拉第定律

1833～1834 年间，法拉第通过实验确立了著名的电解定律，即法拉第电解定律。法拉第定律包括以下两方面内容：

(1)电解时，电极上析出物质的质量与通过电解池的电量成正比。

(2)通过相同电量时，在电极上所需析出的各种产物的质量与它们的摩尔质量成正比。

可用下列数学式子表示：

$$m = MQ/Fn = M/n \cdot it/F \tag{9.1}$$

式中：m 为电解时，于电极上析出物质的质量；Q 为通过电解池的电量；M 为电极上析出物的摩尔质量；n 为电极反应中的电子转移数；F 为法拉第常数；i 为流过电解池的电流；t 为通过电流的时间，即电解时间。

式(9.1)有两层含义：

(1)对于电解同一物质，电极上析出物质的质量 m 与通过电解池的电量 Q 成正比；

(2)对于电解不同物质，当 Q 相同时，m 与 M/n 成正比。

二、库仑分析法概述

库仑分析法创立于 1940 年左右，其理论基础就是法拉第电解定律。库仑分析法是对试样溶液进行电解，但它不需要称量电极上析出物的质量，而是通过测量电解过程中所消耗的电量，由法拉第电解定律计算出分析结果。为此，在库仑分析中，必须保证电极反应专一，没有其他副反应发生。通过电解池的电量应该全部用于测量物质的电极反应，即电流效率 100％，否则，不能应用此定律。为了满足这两个条件，可采用两种方法——控制电位库仑分析和恒电流滴定。

第二节　控制电位电解分析法

一、电解装置和电解现象

电解装置主要由电解池(包括电极、电解溶液及搅拌器)、外加电压装置(分压器)及显示仪器三部分组成,如图 9.1 所示。

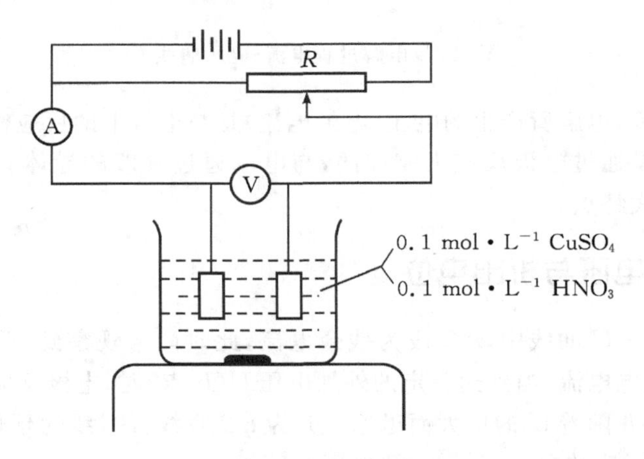

图 9.1　电解装置

电解是利用外部电能使化学反应向非自发方向进行的过程。在电解池的两电极上施加的直流电压达到一定值时,电极上就发生氧化还原反应,电解池中(及回路)就有电流通过,这个过程称为电解。

以在 0.1 mol/L HNO_3 介质中电解 0.1 mol/L $CuSO_4$ 为例,当移动分压器的滑线电阻,使施加到两铂电极上的电压(U)达到一定值时,电解就发生,即电极反应发生。

与外电源负极连接的 Pt 电极(此时也是负极)上 Cu^{2+} 被还原,此电极为阴极,此时发生的反应为

$$Cu^{2+} + 2e^- \longrightarrow Cu$$

与外电源正极连接的 Pt 电极(此时也是正极)上有气体 O_2 产生,此电极为阳极,此时发生的反应为

$$2H_2O \longrightarrow 4H^+ + O_2\uparrow + 4e^-$$

此时在外线路的电表上可以看到有电流(i)通过,若加大外电压,则电流迅速

上升。$i-U$ 关系曲线如图 9.2 所示。

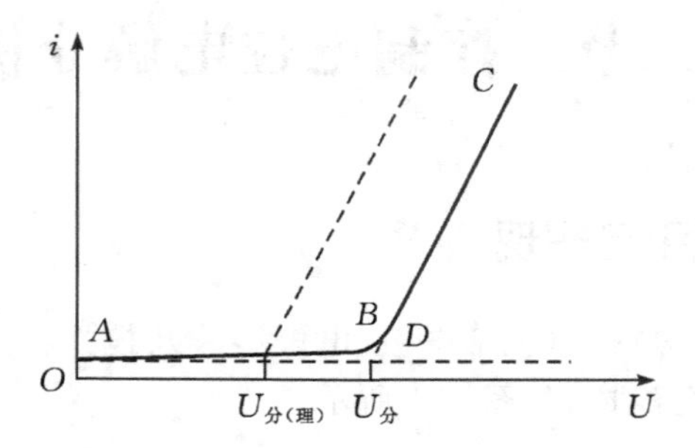

图 9.2 电解过程电流-电压曲线

应该注意到，电解所产生的电流（电解电流）是与电极上的反应密切相关的，电流进出电解池是通过电极反应来完成的，与电流通过一般的导体有本质的不同。这是电解的一大特点。

二、分解电压与析出电位

图 9.2 的 $i-U$ 曲线中，AB 段为残余电流，此时尚未观察到电极反应的明显发生，主要是充电电流，当到达一定的外加电压 U（B 点）时，电极反应开始发生，产生了电解电流，并随着 U 的增大而迅速上升为 BC 直线，BC 线的延长线与 $i=0$ 的 U 轴交点 D 所对应的电压，叫做分解电压 $U_{分}$。

$U_{分}$ 定义为被电解物质能在电极上迅速、连续不断地进行电极反应所需的最小外加电压。为何电解的发生需要分解电压呢？

电解的另一大特点是，电解一开始，就为其树立了对立面——反电解，即电解一开始产生了一个与外加电压极性相反的反电压，阻止电解的进行，只有不断地克服反电压，电解才可进行和延续。

考察电解 $CuSO_4$ 溶液的进程，两支相同的 Pt 电极插入溶液，当外加电压为零时，电极不发生任何变化；当两电极外加一个很小电压时，在最初的瞬间，就会有极少量的 Cu 和 O_2 分别在阴极和阳极上产生并附着，因而使原来完全相同的电极，变成 Cu 电极和氧电极，组成一个原电池，产生一个与外电压极性相反的电动势，在电解池中，此电动势称为反电动势，它阻止电解的继续进行，如果除去外加电压，两电极短路，就产生反电解，Cu 重新被氧化成 Cu^{2+}，O_2 重新被还原成 H_2O。

理论上，只有外加电压增加到能克服反电动势时，电解方可进行，此时的外加电压叫做理论分解电压 $U_{分(理)}$，显然：

$$U_{分(理)}=E_{反}=-(\varphi_{阴(平)}-\varphi_{阳(平)})=\varphi_{阳(平)}-\varphi_{阴(平)}$$

（“平”指平衡电位）

分解电压是对电池整体而言的，若对某工作电极的电极反应来说，还可用析出电位来表达。如果电解池中再配上一支参比电极，在不同外加电压下监测工作电极的电流，并测量电解电流，绘制 $i-\varphi$ 曲线，同样可以得出，只有工作电极的电位达到某一值时，电极反应才发生，这个电位称为析出电位（$\varphi_{析}$）。

$\varphi_{析}$定义为能使物质在阴极迅速、连续不断地进行电极反应而还原所需的最正的阴极电位，或在阳极被氧化所需的最负的阳极电位。

显然，若外加电压使阴极电位比阴极析出电位更“负”一点，或阳极电位比阳极析出电位更“正”一点，电极反应就能迅速、连续不断地进行，理论上，析出电位等于电极的平衡电位，称为理论析出电位 $\varphi_{析(理)}$，即

$$\varphi_{析(理)}=\varphi_{(平)}$$

因此

$$U_{分(理)}=\varphi_{阳析(理)}-\varphi_{阴析(理)}=\varphi_{阳(平)}-\varphi_{阴(平)}$$

三、控制阴极电位电解法

1. 仪器装置

控制阴极电极电位法仪器装置示意图如图 9.3 所示。

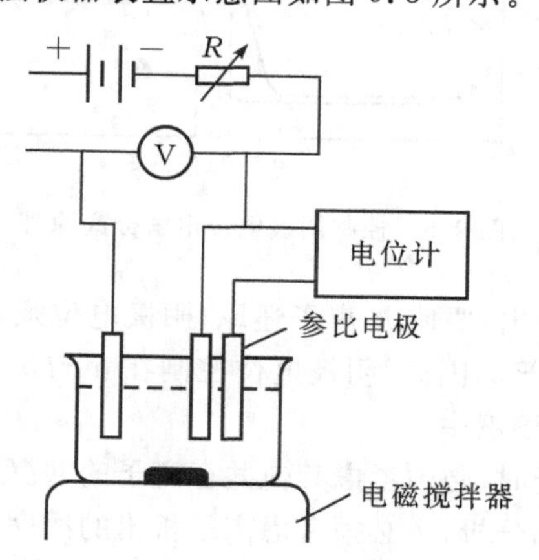

图 9.3　控制阴极电极电位法仪器装置示意图

为了实现对阴极电位的控制，需要在电解池中插入一个参比电极（SCE），只要控制参比电极与阴极之间的电位，就可以控制阴极的电位。

目前多采用如图 9.4 所示的具有恒电位器的自动控制电解装置。

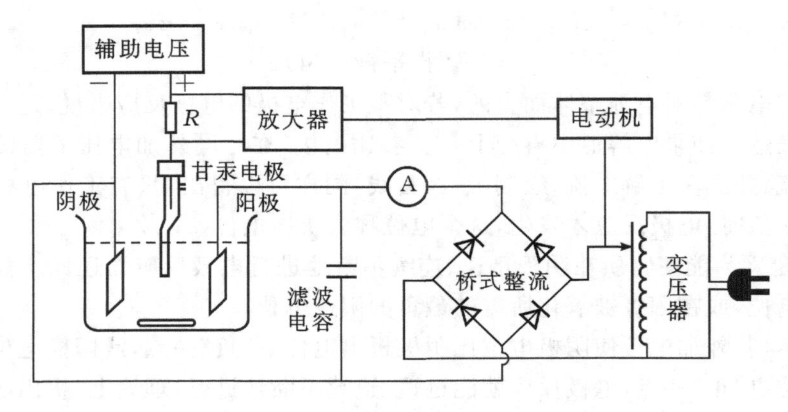

图 9.4　自动控制电解装置示意图

2. 控制阴极电位电解分离原理

控制阴极电位电解分离原理图如图 9.5 所示。

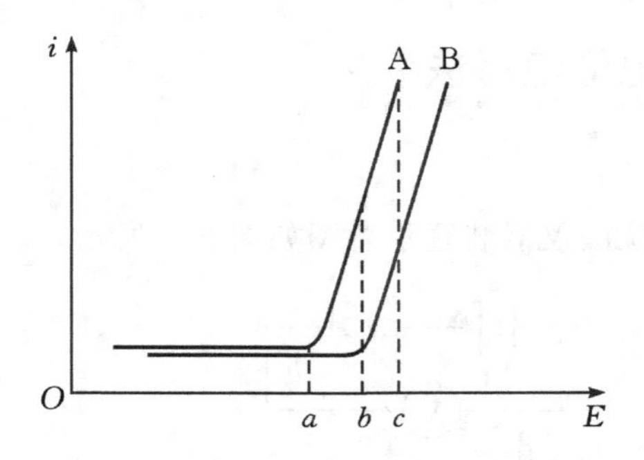

图 9.5　控制阴极电位电解分离原理

从图 9.5 中可以看出，要使 A 离子还原，阴极电位须负于 a，但要防止 B 离子析出，阴极电位又须正于 b，因此，阴极电位控制在 a 与 b 之间就可使 A 离子定量析出，而 B 离子仍留在溶液中。

电解测定某一离子时，必须考虑其他共存离子的共沉积问题，而利用控制电位进行混合离子的分离和分析，也必须考虑离子析出的次序及分离完全度的问题。

(1)不同离子析出电位的差别决定了它们电解析出的次序。在阴极上，$\varphi_{阴析}$ 愈“正”者，愈易还原，则先析出；在阳极上，$\varphi_{阳析}$ 愈“负”者，愈易氧化，则先析出(或溶解)。

(2)两离子析出电位的差异 $\Delta\varphi_{析}$ 决定了其能否通过控制电位电解达到完全分离。如电解 Cu^{2+} 和 Ag^{+} 混合溶液中，因为 $\Delta\varphi_{析}$ 差别大，故可分离；而 Pb^{2+}、Sn^{2+} 的

$\Delta\varphi_{析}$小，故难以进行电解分离。

在电解分析中，通常把离子的浓度降至初始浓度的 $10^{-5}\sim10^{-6}$ 倍时，视为电解析出完全。因此对于两混合离子要能通过控制电位电解达到完全分离，其析出电位之差为

$$\Delta\varphi_{析} > \frac{0.30}{n}\left(即\frac{0.059}{n}\lg 10^{-5}\right) \quad (V)$$

第三节 控制电位库仑分析法

一、装置和基本原理

如图 9.6 所示在控制电位电解装置的电路中串入一个能精确测量电量的库仑计，即构成控制电位库仑分析法的装置。电解时，用恒电位装置控制阴极电位，以 100％的电流效率进行电解，当电流趋于零时，电解即完成。由库仑计测得电量，根据法拉第定律求出被测物质的含量。

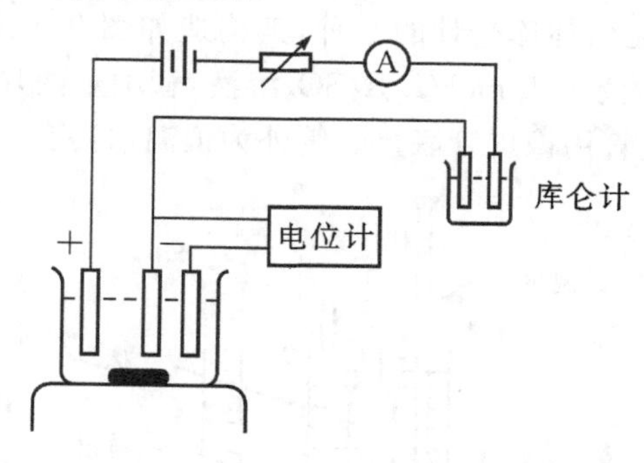

图 9.6 控制电位库仑分析法装置示意图

二、电量的测量

进行库仑分析时，必须要能准确的测量电量的数值。电量测量的精确度是决定分析结果准确度的主要因素。

测量电量通常用库仑计，它是库仑分析装置的主要部件之一。常用的库仑计有滴定库仑计、重量库仑计（银库仑计）、气体库仑计、电子积分库仑计等。下面介绍几种常用的库仑计。

1. **化学库仑计(也称滴定库仑计)**

化学库仑计结构如图 9.7 所示，杯内盛 0.03 $mol \cdot L^{-1}$ 的 KBr 和 0.2 $mol \cdot L^{-1}$ 的 K_2SO_4。电解发生时，电极反应为

阳极　$Ag + Br^- \rightarrow AgBr + e^-$

阴极　$2H_2O + 2e^- \rightarrow 2OH^- + H_2\uparrow$

电解结束时，用标准酸溶液滴定电解生成的 OH^- 的量，因而可算出消耗的总电量。

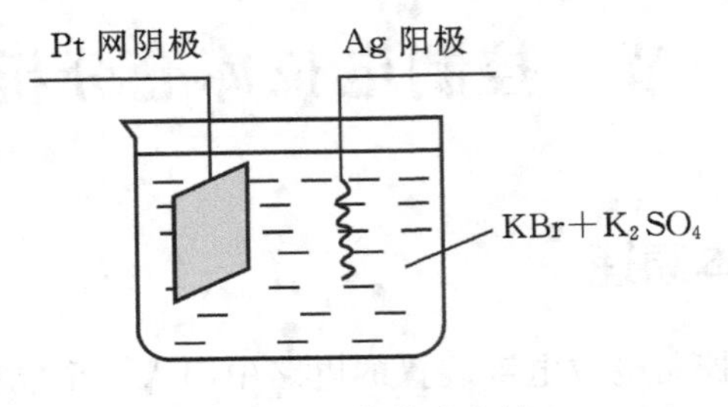

图 9.7　化学库仑计

2. **气体库仑计**

氢氧气体库仑计是气体库仑计的一种，其构造如图 9.8 所示。左边是一个点接管，上面带有活塞，内装0.5 mol/L K_2SO_4溶液，管中焊两片铂电极；右边是一支刻度管，电解管与刻度管用橡皮管联接。管外为恒温水浴套。

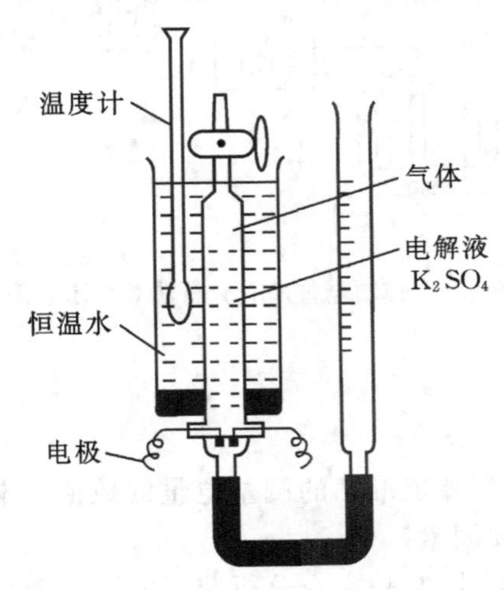

图 9.8　氢氧气体库仑计构造图

使用时，将它与电解池串联。当有电流流过时：

铂阴极上析出氢气：　　$2H_2O═══O_2↑+4H^++4e^-$

铂阳极上析出氧气：　　$4H_2O+4e^-═══OH^-+2H_2↑$

电解所产生的 O_2、H_2 会使刻度管的液面上升，通过电解前后液面差就可读出氢、氧气体的总体积。根据法拉第电解定律，96487 C 的电量，在标准状况下，可产生 11200 mL H_2、5600 mL O_2，共 16800 mL O_2、H_2 混合气体。即每库仑电量析出 16799/96487=0.1742 mL O_2、H_2 混合气体。设产生混合气体的体积为 V，则

$$Q=V/(16799/96487)=V/0.1742$$

气体库仑计的优点：氢氧气体库仑计的准确度可达±0.1%，操作简单，是最常用的一种库仑计。其缺点是当 $I/S<0.05\ A/cm^2$ 时，产生的误差较大。原因是阳极上同时产生少量的 H_2O_2，来不及分解或进一步在阳极上氧化产生 O_2，就跑到溶液中并在阴极还原，使 O_2、H_2 混合气体的体积减少（阳极电位较高时，有利于 H_2O_2 的氧化）。

如果用 0.1 mol/L 硫酸肼代替 K_2SO_4，阴极产物仍是氢气，而阳极产物为氮气：

$$N_5H_5^+═══N_2↑+5H^++4e^-$$

这种库仑计称为氢氮库仑计。电量计算公式同氢氧库仑计。

3. 电子积分库仑计

该库仑计以电流对时间积分可直接得到电量。目前作为商品的库仑仪都采用 $i-t$ 电子积分仪来直接得到 Q。

三、控制电位库仑分析的过程

(1)预电解，消除电活性杂质。通 N_2 数分钟除氧。在加入试样前，先在比测定时约－0.4～－0.3 V 的阴极电位下进行预电解，直到电流降低至一个很小的数值（即达到背景电流），不接通库仑计。

(2)将一定体积的试样溶液加入到电解池中，接通库仑计电解。当电解电流降低到背景电流时，停止。由库仑计记录的电量计算待测物质的含量。

四、控制电位库仑分析的特点及应用

1. 特点

(1)不需要使用基准物质，准确度高。因为它是根据电量的测量来计算分析结果的，而电量的测量可以达到很高的精度，所以准确度高。

(2)灵敏度高。能测定微克级的物质,如果校正空白值,并使用高精度的仪器,甚至可测定 0.01μg 级的物质。

2. 应用

由于控制电位库仑分析法具有准确、灵敏、选择性高等优点,因此,特别适用于混合物的测定,因而得到了广泛的应用,可用于五十多种元素及其化合物的测定。其中包括氢、氧、卤素等非金属元素,钠、钙、镁、铜、银、金、铂族等金属以及稀土元素等。

在有机和生化物质的合成和分析方面的应用也很广泛,涉及的有机化合物达五十多种。例如,三氯乙酸的测定,血清中尿酸的测定,以及在多肽合成和加氢二聚等中的应用。

第四节 恒电流库仑滴定法

一、恒电流库仑滴定法的基本原理

从理论上讲,恒电流库仑分析法可以按以下两种方式进行。

(1)以恒定电流进行电解,被测定物质直接在电极上起反应,测量电解完全时所消耗的时间,再由法拉第定律计算分析结果的分析方法,称为直接法。

(2)在试液中加入适当的辅助剂后,以一定强度的恒定电流进行电解,由电极反应产生一种"滴定剂"。该滴定剂与被测物质发生定量反应。当被测物质作用完后,用适当的方法指示终点并立即停止电解。由电解进行的时间 t(s)及电流强度 I(A),可按法拉第定律计算被测物质的量为

$$m = \frac{itM_E}{96487}$$

一般都按第二种类型进行。因为按第一种方法很难保证电极反应专一、电流效率 100%。

以恒电流库仑法测定 Fe^{2+} 为例来进行说明。

①若以恒定电流直接电解 Fe^{2+},则

开始时:阳极 $$Fe^{2+} = Fe^{3+} + e^-$$

电流效率可达 100%。随着电解的电极表面上 Fe^{3+} 离子浓度不断增加,Fe^{2+} 离子浓度不断下降,因而阳极电位将逐渐向正的方向移动。最后,溶液中 Fe^{2+} 还没有全部氧化为 Fe^{3+},而阳极电位已达到了水的分解电位,这时在阳极上同时发生下列反应而析出氧:

$$2H_2O = O_2\uparrow + 4H^+ + 4e^-$$

显然，由于上述反应的发生，使 Fe^{2+} 离子氧化反应的电流效率低于 100%，因而测定失败。

②如在溶液中加入大量的辅助电解质 Ce^{3+} 离子，则 Fe^{2+} 离子可在恒电流下电解完全。开始阳极上的主要反应为 Fe^{2+} 氧化为 Fe^{3+}。当阳极电位正移至一定数值时，Ce^{3+} 离子开始被氧化为 Ce^{4+} 离子，即

$$Ce^{3+} = Ce^{4+} + e^-$$

而所产生的 Ce^{4+}，则转移至溶液主体，并氧化溶液中的 Fe^{2+} 离子：

$$Ce^{4+} + Fe^{2+} = Fe^{3+} + Ce^{3+}$$

根据反应可知，阳极上虽发生了 Ce^{3+} 的氧化反应，但其所产生的 Ce^{4+} 又将 Fe^{2+} 氧化为 Fe^{3+}。因此，电解所消耗的总电量与单纯 Fe^{2+} 完全氧化为 Fe^{3+} 的电量是相当的。由于 Ce^{3+} 过量，稳定了电极电位，防止了水的电解。可见，用这种间接库仑分析方法，既可将工作电极的电位稳定，防止发生副反应，又可使用较大的电流密度，以缩短滴定的时间。

二、基本装置

1. 直流恒电流源及电流测量装置

①直流稳流器，电流可直接读出；②45～90 V 乙型电池，此时可通过测量标准电阻 R 两端的电压降 U_R 而求得。

2. 计时器

①电停表(见图 9.9，准确)；②秒表(准确度不够高)。

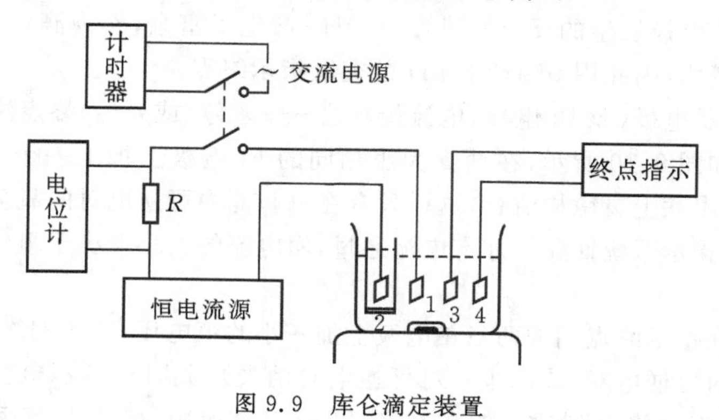

图 9.9　库仑滴定装置

3. **库仑池**

工作电极:电解产生滴定剂的电极。直接浸在加有滴定剂的溶液中。

对电极:浸在另一种电解质溶液中,并用隔膜隔开。防止电极上发生的电极反应干扰测定。

4. **指示终点**

(1)化学指示剂法。

普通容量分析中所用的化学指示剂,均可用于库仑滴定法中。例如,肼的测定,电解液中有肼和大量 KBr,加入 MO 为指示剂,电极反应为:

Pt阴极　$2H^{+}+2e^{-}=H_2$

Pt阳极　$2Br^{-}=Br_2+2e^{-}$

电极上产生的 Br_2 与溶液中的肼起反应:

$$NH_2-NH_2+2Br_2=N_2+4HBr$$

过量的 Br_2 使指示剂褪色,指示终点,停止电解。

该法是简便、经济实用的方法。该方法中指示剂必须是在电解条件下的非电活性物质。指示剂的变色范围一般较宽,指示终点不够敏锐,故误差较大。

(2)电位法。

利用库仑滴定法测定溶液中酸的浓度时,用玻璃电极和甘汞电极为检测终点电极,用 pH 计指示终点。此时用 Pt 电极为工作电极,银阳极为辅助电极。电极上的反应为

工作电极　$2H^{+}+2e^{-}=H_2$

辅助电极　$2Ag+2Cl^{-}=2AgCl+2e^{-}$

由于工作电极发生的反应使溶液中 OH^{-} 产生了富余,作为滴定剂,使溶液中的酸度发生变化,因此用 pH 计上 pH 的突跃指示终点。

(3)双指示电极(双 Pt 电极)电流指示法——永停(或死停)终点法。

其装置如图 9.10 所示,在两支大小相同的 Pt 电极上加上一个 50～200 mV 的小电压,并串联上灵敏检流计,这样只有在电解池中可逆电对的氧化态和还原态同时存在时,指示系统回路上才有电流通过,而电流的大小取决于氧化态和还原态浓度的比值。

通常是在指示终点用的两只铂电极上加一小的恒电压,当达到终点时,由于试液中存在一对可逆电对(或原来一对可逆电对消失),此时铂指示电极的电流迅速发生变化,则表示终点到达。如在 Ce^{3+} 和 Fe^{2+} 溶液中,电生 Ce^{4+} 滴定 Fe^{2+};在 KBr 和 AsO_3^{3-} 溶液中,电生 Br_2 滴定 AsO_3^{3-},$i-t$ 曲线如图 9.11 所示。

现以库仑滴定法测定 As(Ⅲ)为例,说明双指示电极电流法确定终点的原理。

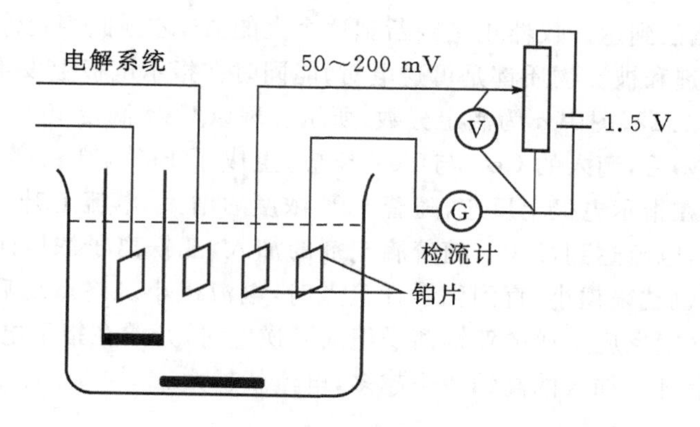

图 9.10　永停终点装置

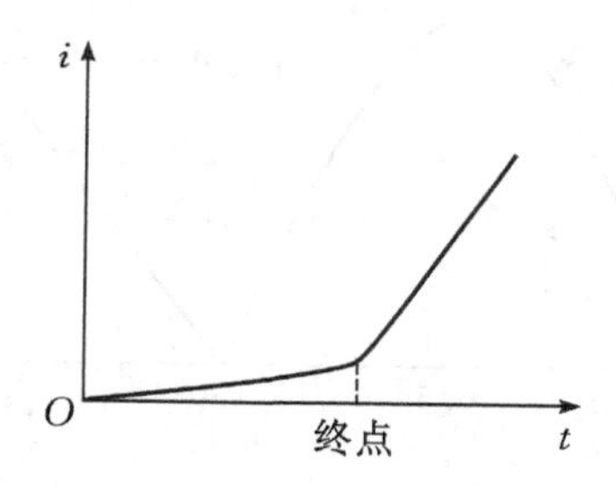

图 9.11　电生 Br_2 滴定 AsO_3^{3-} 的 $i-t$ 曲线

指示电极为两个相同的铂片，加于其上的电压约为 200 mV。在偏碱性的碳酸氢钠介质中，以 0.35 mol・L^{-1}KI 为电解质，电生的 I_2 测定 As(Ⅲ)。在滴定过程中，工作阳极上的反应为

$$2I^- \longrightarrow I_2 + 2e^-$$

电生 I_2 立刻与溶液中的 As(Ⅲ)进行反应，这时溶液中的 I_2(或说 I^{3-})浓度非常小，无法与 I^- 构成可逆电对，在指示电极反应产生电流。所以，在计量点之前，指示系统基本上没有电流通过。

如要使指示系统有电流通过，则两个指示电极必须发生如下反应：

阴极　　　　$I_2 + 2e^- \longrightarrow 2I^-$

阳极　　　　$2I^- \longrightarrow I_2 + 2e^-$

但当溶液中没有足够的 I_2 的情况下，要使上述反应发生，指示系统的外加电压需远大于 200 mV，实际所加的外加电压不大于 200 mV，因此，不会发生上述反应，也不会有电流通过指示系统。当溶液里 As(Ⅲ)被反应完时，过量的 I_2 与同时存在的 I^- 组成可逆电对，两个指示电极上发生上述反应，指示电极上的电流迅速

增加，表示终点已到达。仪器正是判断到这个大的 Δi，才强制滴定停止。

如果滴定剂和被测物质都是可逆电对，能同时在指示电极上发生反应，得到的滴定曲线如图 9.12（图中 a 为滴定分数）所示。现以 Ce^{4+} 滴定 Fe^{2+} 为例说明滴定过程。滴定开始后，滴入的 Ce^{4+} 与 Fe^{2+} 反应，生成了 Fe^{3+}，高铁离子与亚铁离子组成可逆电对在指示电极上反应，随着 Fe^{3+} 浓度的增大，电流上升，直到与高亚铁离子浓度相等，电流达到最大。随着滴定剂的加入，亚铁离子浓度越来越小，指示电极上的电流也越来越小，直到化学计量点时，电流最小。终点之后，加入的高铈离子过量，与滴定反应生成的亚铈离子组成可逆电对，开始在指示电极上反应产生电流，使电流上升。加入的高铈离子越多，电流就越大。

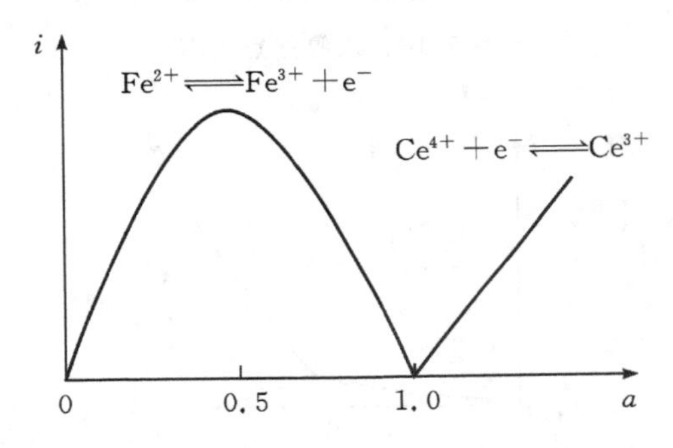

图 9.12　双指示电极库仑滴定曲线（Ce^{4+} 滴定 Fe^{2+} 的反应过程）

第五节　库仑滴定法的特点及应用

凡是与电解所产生的试剂能迅速而定量地反应的任何物质，均可用库仑滴定法测定。

一、库仑滴定的特点

1. 准确度高

库仑滴定的相对误差约为 0.2%，甚至可以达到 0.01% 以下，能作为标准方法。库仑滴定中的电量容易控制和准确测量。在现代技术条件下，i、t 均可以准确计量，只要电流效率及终点控制好，方法的准确度、精密度都会很高。

2. **应用较广泛**

凡能与电生滴定剂起定量反应的物质均可测定，常见的分析见表 9.1 和表 9.2。由于滴定剂是通过电解产生的(电极反应产物)，产生后立即与溶液中待测物质反应(边电解，边滴定)，所以可以使用不稳定的滴定剂，如，Cl_2、Br_2、Cu^+ 等。

表 9.1　应用酸碱、沉淀及络合反应的库仑滴定法

被测物质	产生滴定剂的电极反应	滴定反应
酸	$2H_2O+2e^-=H_2+2OH^-$	$OH^-+H^+=H_2O$
碱	$2H_2O=O_2+4H^++4e^-$	$H^++OH^-=H_2O$
卤离子	$Ag=Ag^++e^-$	$Ag^++X^-=AgX\downarrow$
硫醇	$Ag=Ag^++e^-$	$Ag^++RSH=AgSH\downarrow+H^+$
氯离子	$2Hg=Hg_2{}^{2+}+2e^-$	$Hg_2{}^{2+}+2Cl^-=Hg_2Cl_2\downarrow$
Zn^{2+}	$Fe(CN)_6{}^{3-}+e^-=Fe(CN)_6{}^{4-}$	$2Fe(CN)_6{}^{4-}+3Zn^{2+}+2K^+=K_2Zn_3[Fe(CN)_6]_2\downarrow$
Ca^{2+}、Cu^{2+}、Zn^{2+}、Pb^{2+}	$HgNH_3Y^{2-}+NH_4{}^++2e^-=Hg+2NH_3+HY^{3-}$ (Y^{4-} 为 EDTA 离子)	$HY^{3-}+Ca^{2+}=CaY^{2-}+H^+$

表 9.2　库仑滴定法产生的滴定剂及应用

滴定剂	介质	工作电极	测定的物质
Br_2	$0.1\ mol\cdot L^{-1}\ H_2SO_4+0.2\ mol\cdot L^{-1}\ NaBr$	Pt	Sb(III)、I^-、Tl(I)、U(IV)、有机化合物
I_2	$0.1\ mol\cdot L^{-1}$ 磷酸盐缓冲溶液(pH=8)+$0.1mol\cdot L^{-1}\ KI$	Pt	As(III)、Sb(III)、$S_2O_3{}^{2-}$、S^{2-}
Cl_2	$2\ mol\cdot L^{-1}\ HCl$	Pt	As(III)、I^-、脂肪酸
Ce(IV)	$1.5\ mol\cdot L^{-1}\ H_2SO_4+0.1mol\cdot L^{-1}\ Ce_2(SO_4)_3$	Pt	Fe(II)、$Fe(CN)_6{}^{4-}$
Mn(III)	$1.8\ mol\cdot L^{-1}\ H_2SO_4+0.45\ mol\cdot L^{-1}\ MnSO_4$	Pt	草酸、Fe(II)、As(III)
Ag(II)	$5\ mol\cdot L^{-1}\ HNO_3+0.1\ mol\cdot L^{-1}\ AgNO_3$	Au	As(III)、V(IV)、Ce(III)、草酸
$Fe(CN)_6{}^{4-}$	$0.2\ mol\cdot L^{-1}\ K_3Fe(CN)_6$ (pH=2)	Pt	Zn(II)
Cu(I)	$0.02\ mol\cdot L^{-1}\ CuSO_4$	Pt	Cr(VI)、V(V)、$IO_3{}^-$

续表 9.2

滴定剂	介质	工作电极	测定的物质
Fe(II)	2 mol·L^{-1} H_2SO_4＋0.6 mol·L^{-1}铁铵矾	Pt	Cr(VI)、V(V)、IO_4^-
Ag(I)	0.5 mol·L^{-1} $HClO_4$	Ag 阳极	Cl^-、Br^-、I^-
EDTA(Y^{4-})	0.02 mol·L^{-1} $HgNH_3Y^{2-}$＋0.1 mol·L^{-1} NH_3NO_3(pH 8,除 O_2)	Hg	Ca(II)、Zn(II)、Pb(II)等
H^+ 或 OH^-	0.1 mol·L^{-1} Na_2SO_4 或 KCl	Pt	OH^- 或 H^+、有机酸或碱

3. 不需标准溶液

不但克服了寻找标准溶液的困难,还减少了因使用标准溶液引入的误差。

4. 方法的灵敏度高

灵敏度可达 10^{-5}～10^{-9} g/ mL。

5. 易实现自动检测

可进行动态的流程控制分析。

二、库仑滴定的应用

凡能与电解时所产生的试剂迅速反应的物质,均可用库仑滴定法测定,因此,能用容量分析的各类滴定,如酸碱滴定、氧化还原滴定、沉淀滴定和络合滴定等测定的物质,均可用于库仑滴定法。

1. 酸碱滴定

阳极反应:

$$H_2O = \frac{1}{2}O_2 + 2H^+ + 2e^-$$

阴极反应:

$$2H_2O = H_2 + 2OH^- - 2e^-$$

2. 沉淀滴定

阳极反应:

$$Ag = Ag + e^- \ (Pb = Pb^{2+} + 2e^-)$$

3. 配位滴定

阴极反应:

$$HgY + 2e^- = Hg + Y^{2-}$$

4. **氧化还原滴定**

阳极反应：

$$2Br^- \xlongequal{} Br_2 + 2e^-$$

$$2I^- \xlongequal{} I_2 + 2e^-$$

恒电流库仑法可用于有机化合物和金属络合物的反应机理及电极过程的研究。Macero 等以电生溴为中间体，研究了 N,N′-二苯二胺的氧化，确定反应产物为半醌，并测定了其氧化电位和形成常数。

恒电流库仑法也可用于络合平衡的研究，米德等用此法测定了在高氨酸四丁胺支持电解质的银氨络合物的形成常数。

实验一　恒电流库仑滴定法测定痕量砷

一、实验目的

(1)通过本实验，学习掌握库仑滴定法的基本原理。

(2)学会简易恒电流库仑仪的安装和使用。

(3)掌握恒电流库仑滴定法测定痕量砷的实验方法。

二、方法原理

库仑滴定是通过电解产生的物质作为“滴定剂”来滴定被测物质的一种分析方法。在分析时，以 100％的电流效率产生一种物质(滴定剂)，能与被分析物质进行定量的化学反应，反应的终点可借助指示剂、电位法、电流法等进行确定。这种滴定方法所需的滴定剂不是由滴定管加入的，而是借助于电解产生出来的，滴定剂的量与所消耗的电量(库仑数)成正比，所以称为“库仑滴定”。

仪器装置采用 45 V 以上的干电池或恒电压直流电源作为电解电源，通过溶液的电解电流可用可变电阻器调节，并由已校正的毫安计指示电流值。采用高压电源可减少因电解过程中电解池的反电动势的变化而引起的电解电流的变化，这样才能准确计算滴定过程中所消耗的电量。为了防止各种干扰电极反应的因素发生，必须将电解池的阳极与阴极分开。

本实验用双铂片电极在恒定电流下进行电解，在铂阳极上 KI 中的 I^- 可以氧化成 I_2。

阳极：　$2I^- \longrightarrow I_2 + 2e^-$

阴极：　$2H^+ + 2e^- \longrightarrow H_2\uparrow$

在阳极上析出的 I_2 是氧化剂，可以氧化溶液中的 As(III)，此化学反应为

$$I_2 + AsO_3^{3-} + H_2O \longrightarrow AsO_4^{3-} + 2I^- + 2H^+$$

滴定终点可以用淀粉的方法指示，即产生过量的碘时，能使有淀粉的溶液出现蓝色；也可用电流上升的方法(死停法)，即终点出现电流的突跃来指示。

滴定中所消耗 I_2 的量，可以从电解析出 I_2 所消耗的电量来计算，电量 Q 可以由电解时恒定电流 i 和电解时间 t 来求得：$Q=i\times t$(A・s)

本实验中，电量可以从 KLT－1 型通用库仑仪的数码管上直接读出。

砷的含量可由下式求得

$$W = \frac{itM}{96500n} = \frac{QM}{96500n}$$

式中：M 为砷的原子量 74.92；n 为砷的电子转移数。

I_2 与 AsO_3^{3-} 的反应是可逆的，当酸度在 4 mol/L 以上时，反应定量向左进行，即 H_2AsO_4 氧化 I^-；当 pH>9 时，I_2 发生歧化反应，从而影响反应的计量关系。故在本实验中采用 NaH_2PO_4－NaOH 缓冲体系来维持电解液的 pH 在 7～8 之间，使反应定量地向右进行，即 I_2 定量的氧化 H_3AsO_3。水中溶解的氧也可以氧化 I^- 为 I_2，从而使结果偏低。故在标准度要求较高的滴定中，须要采取除氧措施。为了避免阴极上产生的 H_2 的还原作用，应当采用隔离装置。

三、仪器与试剂

1. 仪器

恒压直流电源(45 V 以上)、已校正的毫安表、电磁搅拌器、铂片电极(工作电极)、螺旋铂丝电极及隔离管。

2. 试剂

(1)亚砷酸溶液：约 10^{-4} mol/L^{-1}(用硫酸微酸化以使之稳定)。

(2)碘化钾缓冲溶液：溶解 60 g 碘化钾、10 g 碳酸氢钠，然后稀释至 1 L，加入亚砷酸溶液 2～3 mL，以防止被空气氧化。

(3)新配制淀粉试液：0.5%。

(4)硝酸：$\Psi(HNO_3)$＝1∶1；1 mol・L^{-1}硫酸钠溶液。

四、实验步骤

(1)将铂电极浸入 1∶1 硝酸溶液中，数分钟后，取出用蒸馏水冲洗，滤纸沾掉水珠。

(2)连接好仪器。

(3)量取碘化钾缓冲溶液 50 mL 及淀粉溶液约 3 mL,置于电解池中,放入搅拌磁子,将电解池放在电磁搅拌器上。在阴极隔离管中注入硫酸钠溶液,至管的 2/3 部位,插入螺旋铂丝电极。将铂片电极和隔离管装在电解池之上(注意铂片要完全浸入试液中)。铂片电极接“阳极”,螺旋铂丝电极接“阴极”。启动搅拌器,按下单刀开关,迅速调节电阻器 R,使电解电流为 1.0 mA。细心观察电解溶液,当微红紫色出现时,便立即拉下单刀开关,停止电解。慢慢滴加亚砷酸溶液,直至微红紫色褪去再多加 1～2 滴,再次继续电解至微红紫色出现,停止电解。为能熟练掌握终点的颜色判断,可如此反复练习几次。

(4)准确移取亚砷酸 10.0 mL,置于上述电解池中,按下单刀开关,同时开秒表计时。电解至溶液出现与定量加亚砷酸前一样微红紫色时,立即停止电解和秒表计时,记下电解时间(s)。再加入 10.0 mL 亚砷酸溶液,同样步骤测定。重复实验 3～4 次。

五、数据处理

将测量结果填入表 9.3 中,按法拉第定律计算亚砷酸的含量(以 $mol \cdot L^{-1}$ 计)。

表 9.3 测量结果

电解次数	样品量/g	电解电流/mA	电量/mC
1			
2			
3			

六、问题与讨论

(1)写出滴定过程的电极反应和化学反应式。

(2)碳酸氢钠在电解溶液中起什么作用?

(3)采用高压电源为何能使电解电流保持恒定?

实验二　恒电流库仑滴定法测定维生素C的含量

一、实验目的

(1)通过本实验,学习并掌握库仑滴定法的基本原理。

(2)学会简易恒电流库仑仪的安装和使用。

(3)掌握恒电流库仑滴定法测定维生素C(VC)的实验方法。

二、实验原理

库仑滴定法是通过电解产生的物质作为"滴定剂"来滴定被测物质的一种分析方法。在分析时,以100%的电流效率产生一种物质(滴定剂),能与被分析物质进行定量的化学反应,反应的终点可借助指示剂、电位法、电流法等进行确定。这种滴定方法所需的滴定剂不是由滴定管加入的,而是借助于电解产生出来的,滴定剂的量与所消耗的电量(库仑数)成正比,所以称为"库仑滴定"。

仪器装置采用45 V以上的干电池或恒电压直流电源作为电解电源,通过溶液的电解电流可通过可变电阻器调节,并由已校正的毫安计指示电流值。采用高压电源可减少因电解过程中电解池反电动势的变化而引起的电解电流的变化,这样才能准确计算滴定过程中所消耗的电量。为了防止各种干扰电极反应的因素发生,必须将电解池的阳极与阴极分开。

本实验采用KI为支持电解质,在酸性环境中恒电流条件下进行电解,电解产生的I_2作为滴定剂,与VC反应测定VC的含量。实验用双铂片电极在恒定电流下进行电解,在铂阳极上KI中的I^-可以氧化成I_2。

阳极：　$2I^- \longrightarrow I_2 + 2e^-$

阴极：　$2H^+ + 2e^- \longrightarrow H_2\uparrow$

在阳极上析出的I_2是个氧化剂,可以氧化溶液中的VC,此化学反应为

$$I_2 + VC + H_2O \longrightarrow VC' + 2I^- + 2H^+$$

滴定终点可以用淀粉的方法指示,即产生过量的碘时,能使有淀粉的溶液出现蓝色,也可用电流上升的方法(死停法),即终点出现电流的突跃。

滴定中所消耗I_2的量,可以从电解析出I_2所消耗的电量来计算,电量Q可以由电解时恒定电流i和电解时间t来求得:$Q=it$(A・s)。

本实验中,电量可以从KLT－1型通用库仑仪的数码管上直接读出。

VC 的含量可由下式求得：

$$W=\frac{i\cdot t\cdot M}{96500n}=\frac{Q\cdot M}{96500n}$$

式中：M 为 VC 的分子量；n 为电子转移数。

三、仪器与试剂

1. 仪器

恒压直流电源(45V 以上)、已校正的毫安表、电磁搅拌器、铂片电极(工作电极)、螺旋铂丝电极及隔离管。

2. 试剂

(1)VC 溶液：取市售维生素 C 一片，转入烧杯中，用 5 mL 0.1 mol/L HCl 溶解并转入 50 mL 容量瓶中，以 0.1 mol/L NaCl 溶液清洗烧杯，并用之稀释至刻度，摇匀，放置至澄清，备用。

(2)碘化钾缓冲溶液：溶解 60 g 碘化钾，10 g 碳酸氢钠，然后稀释至 1 L，加入 VC 溶液 2～3 mL，以防止被空气氧化。

(3)新配制淀粉试液：0.5%。

(4)盐酸：稀释成 0.1 mol/L^{-1} 盐酸溶液。

四、实验步骤

(1)将铂电极浸入 1∶1 硝酸溶液中，数分钟后，取出用蒸馏水吹洗，滤纸沾掉水珠。

(2)连接好仪器。

(3)量取碘化钾缓冲溶液 50 mL 及淀粉溶液约 3 mL，置于电解池中，放入搅拌磁子，将电解池放在电磁搅拌器上。在阴极隔离管中注入硫酸钠溶液，至管的 2/3 部位，插入螺旋铂丝电极。将铂片电极和隔离管装在电解池之上(注意铂片要完全浸入试液中)。铂片电极接“阳极”，螺旋铂丝电极接“阴极”。启动搅拌器，按下单刀开关，迅速调节电阻器，使电解电流为 1.0 mA。细心观察电解溶液，当微红紫色出现时，便立即拉下单刀开关，停止电解。慢慢滴加 VC 溶液，直至微红紫色褪去再多加 1～2 滴，再次继续电解至微红紫色出现，停止电解。为能熟练掌握终点的颜色判断，可如此反复练习几次。

(4)准确移取 VC 溶液 10.0 mL，置于上述电解池中，按下单刀开关，同时开秒表计时。电解至溶液出现与定量加 VC 前一样微红紫色时，立即停止电解和秒表计时，记下电解时间(s)。再加入 10.0 mLVC 溶液，同样步骤测定。重复实验 3～4 次。

五、数据处理

将实验数据填入表9.4中，按法拉第定律计算VC的含量（以 $mol \cdot L^{-1}$ 计）。

表9.4 数据记录表

电解次数	样品量/g	电解电流/mA	电量/mC
1			
2			
3			

六、问题与讨论

(1)写出滴定过程的电极反应和化学反应式。

(2)碳酸氢钠在电解溶液中起什么作用？

(3)采用高压电源为何能使电解电流保持恒定？

第十章 气相色谱分析

气相色谱法(gas chromatography,GC)是英国科学家 Martin 等人于 1952 年创立的一种高效的分离方法,可以分离、分析复杂的多组分混合物。它是利用气体作为流动相的一种色谱方法。在此法中,待分析样品气化后被载气(也叫流动相)带着通过色谱柱中的固定相,由于样品中各组分的沸点、极性或吸附性能的不同,每种组分都倾向于在流动相和固定相之间形成分配平衡;当两相作相对运动时,物质在两相间连续进行多次分配,原来微小的差异被放大,结果是不同的物质在流动相中移动的速度产生差异,分别在不同的时间依次到达检测器,从而实现彼此分离和检测的目的。

其简单流程如图 10.1 所示。

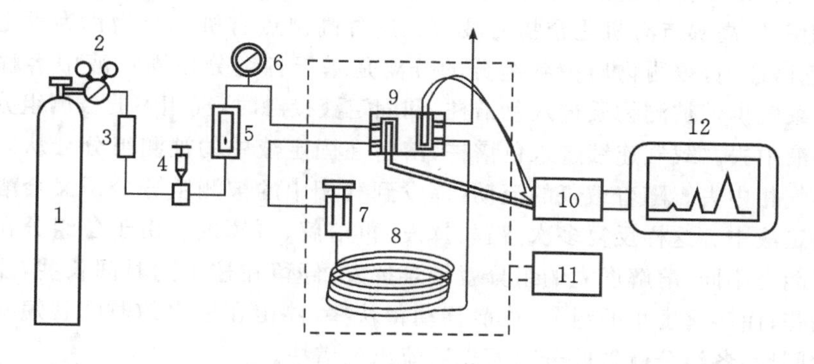

1—载气钢瓶;2—减压阀;3—净化干燥管;4—针形阀;5—流量计;6—压力表;7—进样器;8—色谱柱;9—检测器;10—放大器;11—温度控制器;12—记录仪

图 10.1 气相色谱流程图

由高压钢瓶供给的流动相载气,经减压阀减压后,进入净化干燥管干燥和净化后,再通过针形阀、流量计和压力表,以一定的压力和流量进入进样器(气化室),由进样器注入的试样(液体试样在此预先气化)气体被载气携带进入色谱柱。经分离后的各组分随载气依次流出色谱柱进入检测器,检测器将组分的浓度(或质量)变化转化为电信号,电信号经放大器放大后,由记录仪记录下来,即得色谱图。

一、基本原理

1. 气-固色谱分析

固定相是一种具有多孔及较大表面积的吸附剂颗粒。试样由载气携带进入柱子时，立即被吸附剂所吸附。载气不断流过吸附剂时，吸附着的被测组分又被洗脱下来。这种洗脱下来的现象称为脱附。脱附的组分随着载气继续前进时，又可被前面的吸附剂所吸附。随着载气的流动，被测组分在吸附剂表面进行反复的物理吸附、脱附过程。由于被测物质中各个组分的性质不同，它们在吸附剂上的吸附能力就不一样，较难被吸附的组分容易被脱附，较快地移向前面；容易被吸附的组分不易被脱附，向前移动得慢些。经过一定时间，即通过一定量的载气后，试样中的各个组分就彼此分离而先后流出色谱柱。

2. 气-液色谱分析

固定相是在化学惰性的固体微粒(此固体是用来支持固定液的，称为担体)表面，涂上一层高沸点有机化合物的液膜。这种高沸点有机化合物称为固定液。在气-液色谱柱内，被测物质中各组分的分离是基于各组分在固定液中溶解度的不同。当载气携带被测物质进入色谱柱，和固定液接触时，气相中的被测组分就溶解到固定液中去。载气连续进入色谱柱，溶解在固定液中的被测组分会从固定液中挥发到气相中去。随着载气的流动，挥发到气相中的被测组分分子又会溶解在前面的固定液中。这样反复多次溶解、挥发、再溶解、再挥发。由于各组分在固定液中溶解能力不同，溶解度大的组分就较难挥发，停留在柱中的时间长些，往前移动得就慢些；而溶解度小的组分，往前移动得快些，停留在柱中的时间就短些。经过一定时间后，各组分就彼此分离而先后流出色谱柱。

二、气相色谱仪

气相色谱仪的主要组成部分是载气系统、进样系统、分离系统、检测系统和记录及数据处理系统。

1. 载气系统

该系统包括气源、气体净化和气体流速控制装置。气相色谱仪具有一个让载气连续运行、管路密闭的气路系统，通过该系统，可以获得纯净的、流速稳定的载气。它的气密性、载气流速的稳定性以及测量流量的准确性，对色谱结果均有很大的影响，因此必须注意控制。

2. 进样系统

该系统包括进样器和气化室两部分。它的作用是将液体或固体试样，在进入色谱柱之前瞬间气化，然后快速定量地转入到色谱柱中。进样量的大小、进样时间的长短、试样的气化速度等都会影响色谱的分离效果和分析结果的准确性和重现性。

液体样品的进样一般采用微量注射器，其外形与医用注射器相似，常用规格有0.5、1、5、10和50 μL。将样品吸入注射器，迅速刺入进样口硅橡胶垫。气体样品的进样常用色谱仪本身配置的推拉式六通阀或旋转式六通阀定量进样。

气化室一般为一根在外管绕有加热丝的不锈钢管，液体样品进入气化室后，受热而瞬间气化。为了让样品在气化室中瞬间气化而不分解，要求气化室热容量大，无催化效应。为了尽量减少柱前谱峰变宽，气化室的死体积应尽可能小。

3. 分离系统

该系统主要包括精准控温的柱加热箱、色谱柱两部分，其中色谱柱本身的性能是分离成败的关键。色谱柱主要有两类，填充柱和毛细管柱。填充柱由不锈钢或玻璃材料制成，内装固定相，一般内径为2～4 mm，长1～3 m。填充柱的形状有U形和螺旋形两种。毛细管柱一般为玻璃或石英材质空心的毛细管柱，内径0.2～0.5 mm，长度20～200 m，呈螺旋形。

色谱柱的分离效果除与柱长、柱径和柱形有关外，还与所选用的固定相和柱填料的制备技术以及操作条件等许多因素有关。

4. 检测系统

该系统包括检测器、放大器、检测器的电源和控温装置。其作用是监测从色谱柱流出的各组分，并将检测到的信号转换为可被记录仪处理的电压信号，或者由计算机处理的数字信号。

常用的有两大类检测器，一类是浓度型的检测器，如热导池检测器(thermal conductivity detector，简称 TCD)和电子捕获检测器(electron capture detector，简称 ECD)，这类检测器所测量的是载气中某组分浓度瞬间的变化，检测器的响应值与组分的浓度成正比，其中 TCD 灵敏度适宜，稳定性好，对所有物质都有响应，是一种通用型的检测器。另一种类型的检测器是质量型的检测器，如氢火焰离子化检测器(flame ionization detector，简称 FID)和火焰光度检测器(flame photometric detector，简称 FPD)等，这类检测器测量的是载气中某组分进入检测器的速度变化，即检测器的响应值和单位时间内进入检测器某组分的质量成正比。FID 仅限于检测含碳有机物，测定灵敏度较 TCD 高几个数量级。

5. **记录及数据处理系统**

记录及数据处理系统早期采用的是记录仪和积分仪，现主要采用色谱工作站。它对 GC 的原始数据进行处理，绘制色谱流出曲线，并获得相应的定性定量数据。

三、色谱分析的基本参数

1. **色谱图或色谱流出曲线**

色谱图是以组分产生的电信号为纵坐标，流出时间为横坐标所得的曲线，也称为色谱流出曲线，如图 10.2 所示。

2. **基线**(baseline)

当不含被测组分的载气进入检测器时，所得的流出曲线称为基线。它反映了检测器噪声随时间变化的情况，稳定的基线是一条直线，如图 10.2 所示的直线。

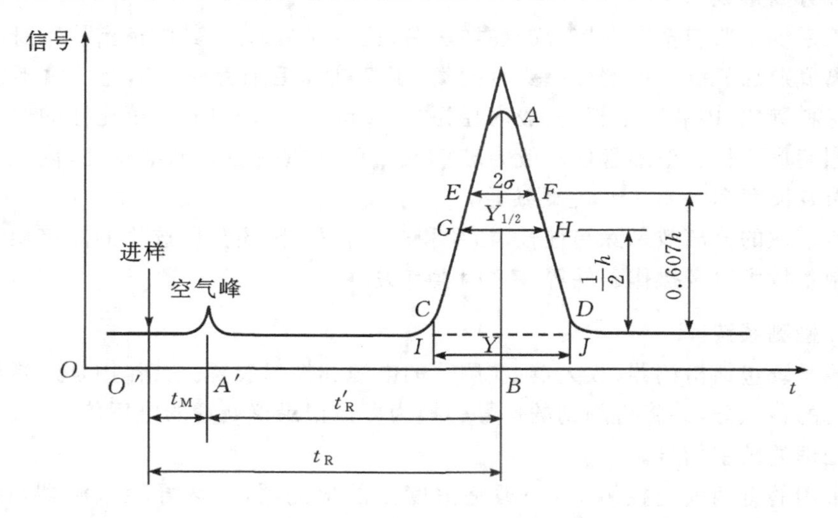

图 10.2 色谱流出曲线图

3. **保留值**

试样中各组分在色谱柱中的滞留时间的数值称为保留值(rentention value)。通常用时间或用将组分带出色谱柱所需载气的体积来表示。在一定的固定相和操作条件下，任何一种物质都有一确定的保留值，这样就可用作定性参数。

(1)死时间 t_M和死体积 V_M。

死时间 t_M是指不被固定相吸附或溶解的气体(如空气)从进样开始到柱后出现浓度最大值时所需的时间，如图 10.2 中 $O'A'$所示。死体积 V_M是指色谱柱在填充后固定相颗粒间所留的空间、色谱仪中管路和连接处的空间以及检测器内部空间的总和。

$$V_M = t_M F_0$$

式中：F_0是色谱柱出口处载气的流速。

(2)保留时间 t_R和保留体积 V_R。

保留时间 t_R是指被测组分从进样开始到柱后出现浓度最大值时所需的时间，如图 10.2 中 $O'B$ 所示。保留体积 V_R是指从进样开始到柱后被测组分出现浓度最大值时所通过的载气体积，即

$$V_R = t_R F_0$$

(3)调整保留时间 t_R'和调整保留体积 V_R'。

扣除死时间后的保留时间称为调整保留时间 t_R'，如图 10.2 中 $A'B$ 所示。

$$t_R' = t_R - t_M$$

扣除死体积后的保留体积称为调整保留体积 V_R'。

$$V_R' = t_R' F_0 \text{或} V_R' = V_R - V_M$$

同样，V_R'与载气流速无关。死体积反映了柱和仪器系统的几何特性，它与被测物的性质无关，故保留体积值中扣除死体积后将更合理地反映被测组分的保留特性。

4. 相对保留值

相对保留值(relative rentention value)r_{21}是指某组分 2 的调整保留值与另一组分 1 的调整保留值之比，即

$$r_{21} = \frac{t'_{R(2)}}{t'_{R(1)}} = \frac{V'_{R(2)}}{V'_{R(1)}}$$

r_{21}可用来表示色谱柱的选择性，即固定相的选择性能。当柱温、固定相性质不变，即使柱径、柱长、填充情况及流动性流速有所改变，r_{21}仍基本保持不变，因此它在色谱定性中非常重要。

r_{21}值越大，相邻两组分的 t'_R相差越大，分离得越好，$r_{21}=1$ 时，两组分完全重叠，不能被分离。当组分 2 和 1 为两难分离物质对时，r_{21}用 α_{21}代替。

5. 区域宽度

区域宽度(peak width)是指色谱峰的宽度，也是色谱流出曲线中一个重要的参数。从色谱分离角度着眼，希望区域宽度越窄越好。通常度量色谱峰区域宽度有以下三种方法。

(1)标准偏差 σ：0.607 倍峰高处色谱峰宽度的一半，如图 10.2 中 EF 的一半。

(2)半峰宽度 $Y_{1/2}$，又称半宽度或区域宽度，即峰高为一半处的宽度，如图10.2 中 GH，它与标准偏差的关系为：$Y_{1/2} = 2.35\sigma$。

(3)峰底宽度 Y:指经色谱流出曲线底部两侧的拐点所作切线在基线上的截距,如图 10.2 中 IJ,$Y=4\sigma$。

6. 色谱流出曲线的意义

色谱流出曲线中可以提供很多重要的定性和定量信息,如:

①根据色谱峰的个数,可以判断样品中所含组分的最少个数;

②根据色谱峰的保留值,可以进行定性分析;

③根据色谱峰的面积或峰高,可以进行定量分析;

④色谱峰的保留值及其区域宽度,是评价色谱柱分离效能的依据;

⑤色谱峰两峰间的距离,是评价固定相(或流动相)选择是否合适的依据。

四、气相色谱分析的基本理论

1. 塔板理论

塔板理论把色谱柱比作一个精馏塔,沿用精馏塔中塔板的概念来描述组分在两相间的分配行为,即把色谱柱看作由许多假想的塔板组成(即色谱柱可分为许多个小段),塔板的数量称为理论塔板数,用 n 表示。在每一小段(塔板)内,组分在两相之间达成一次分配平衡,然后随流动相向前转移,遇到新的固定相重新再次达成分配平衡,依此类推经多次分配平衡,不同分配系数的组分得以分离。

由塔板理论可导出 n 与色谱峰半峰宽度或峰底宽度的关系为

$$n=5.54\times\left(\frac{t_R}{Y_{1/2}}\right)^2=16\times\left(\frac{t_R}{Y}\right)^2$$

式中:t_R 为待测组分的保留时间;$Y_{1/2}$ 为待测组分的色谱峰半峰宽;Y 为待测组分的色谱峰峰底宽;t_R、$Y_{1/2}$ 及 Y 应为相同的单位(或同为时间单位,或同为距离单位)。

在给定长度为 L 的色谱柱内,理论塔板数 n 越多,理论塔板高度 H 越小,组分分配平衡次数越多,分离柱效能越高,因为

$$H=L/n$$

因而 n 或 H 可作为描述柱效能的一个指标。同一色谱柱对不同物质的柱效能是不一样的,故用塔板数或塔板高度表示柱效能,必须指明哪种物质。

2. 速率理论

塔板理论虽然提出了评价柱效能的指标,但不能说明影响柱效能的具体因素。1956 年荷兰学者范第姆特(Van deemter)等提出了色谱过程的动力学理论,他们吸收了塔板理论的概念,并把影响塔板高度的动力学因素结合进去,导出了塔板高度 H 与载气线速度 u 的关系为

$$H=A+B/u+Cu$$

式中：u 为载气的线速度(cm/s)；A 称为涡流扩散项；B/u 为分子扩散项；Cu 为传质阻力项。

范第姆特方程式对于分离条件的选择具有指导意义。它可以说明，填充均匀程度、担体粒度、载气种类、载气流速、柱温、固定相液膜厚度等对柱效、峰扩张的影响。

五、气相色谱定性方法

保留时间、峰面积等指标受色谱操作条件的影响很大，与组分的结构之间也没有唯一确定的关系，因此原则上不能直接应用气相色谱进行定性分析。但在特定的条件下，仍可以进行一些定性工作。常见的方法有：

(1)利用已知纯物质对照定性；

(2)利用相对保留值定性；

(3)利用保留指数定性(科瓦奇(Kováts)保留指数定性)；

(4)与其他分析仪器联用定性。

六、气相色谱定量方法

1. 定量校正因子

色谱定量分析的依据是被测组分的量与其峰面积成正比。但是峰面积的大小不仅取决于组分的质量，而且还与它的性质有关。即当两个质量相同的不同组分在相同条件下使用同一检测器进行测定时，所得的峰面积却不相同。引入绝对定量校正因子 f_i，建立组分的量(m_i)与对应的峰面积(A_i)之间的关系，为

$$m_i = f_i A_i$$

由于需要知道组分的绝对进样量 m_i 是比较困难的，所以无法直接测定绝对定量校正因子，常用相对校正因子 f_i' 代替。某组分的相对校正因子为其绝对校正因子与标准物质的绝对校正因子之比，常简称为校正因子。

$$f'_i = \frac{f_i}{f_s} = \frac{m_i A_s}{m_s A_i}$$

将已知量的某物质与已知量的标准物质混合均匀后，取适当体积进样，可由两者的峰面积计算得到相对校正因子。

2. 常用的定量计算方法

(1)归一化法。

取适量的待测样品，进样后得各组分的峰面积 A_i，根据各组分的校正因子按下式进行定量计算。

$$\omega_i(\%)=\frac{m_i}{m}\times 100\%=\frac{f'_iA_i}{f'_1A_1+f'_2A_2+\cdots+f'_nA_n}\times 100\%$$

归一化法的优点是简单、准确，操作条件如进样量、流速等变化时对定量结果影响不大。但此法在实际工作中仍有一些限制，比如，样品的所有组分必须全部流出且出峰。某些不需要定量的组分也必须测出其峰面积及 f_i'值。此外，测量低含量尤其是微量杂质时，误差较大。

(2)内标法。

将一定量(m_s)的标准物质 s(即内标物)加入一定量的试样(m)中，取适量进样后，根据内标物和待测组分的峰面积 A_i和校正因子按下式进行定量计算。

$$\omega_i(\%)=\frac{m_i}{m}\times 100\%=\frac{f'_iA_im_s}{f'_iA_sm}\times 100\%$$

内标法是通过测量内标物及欲测组分的峰面积的比值来计算的，故因操作条件变化引起的误差可抵消，可得到较准确的结果。当只需要测定试样中某几个组分时，而且试样中所有组分不能完全出峰时，可采用此法。

内标物要满足以下要求：①试样中不含有该物质；②与被测组分理化性质(如挥发性、分子结构、极性以及溶解度等)比较接近；③不与试样发生化学反应；④出峰位置应位于被测组分附近，且无组分峰影响。

(3)标准曲线法(外标法)和标准加入法。

仪器的操作条件必须长时间保持稳定不变，对标样和试样的进样量准确性要求高。

七、气相色谱分离操作条件的选择

1. 载气及其流速的选择

根据速率理论，载气流速过大或过小对提高色谱柱效能都不利，存在一个适宜的理论最佳流速为

$$u_{最佳}=\sqrt{\frac{B}{C}}$$

载气流速较大时，传质阻力项是影响柱效能的主要因素，应选使 C 值变小的载气。如采用相对分子质量较小的载气 H_2、He 等，此时组分在载气中有较大的扩散系数，可减小气相传质阻力，有利于提高柱效能。当载气流速较小时，分子扩散项是影响柱效能的主要因素，应选使 B 值变小的载气。如采用相对分子质量较大的载气 N_2、Ar 等，使组分在载气中有较小的扩散系数，抑制了纵向扩散，有利于提高柱效能。另外，载气的选择还必须与检测器相适应。

2. 柱温的选择

柱温是一个非常重要的操作变量，直接影响分离效能和分离速度。首先要考虑每种固定液有一定的使用温度范围。柱温不能高于固定液的最高使用温度，否则固定液挥发流失。柱温的选择原则是保证在难分离组分尽可能好分离的前提下，采用较低的柱温，但以保留时间适宜、峰型对称为度。

用气相色谱法分析样品时，各组分都有一个最佳柱温。对于沸程较宽、组分较多的复杂样品，柱温可选在各组分的平均沸点左右，显然这是一种折中的办法，其结果是：低沸点组分因柱温太高很快流出，色谱峰尖很挤甚至重叠，而高沸点组分因柱温太低，滞留过长，色谱峰扩张严重，甚至在一次分析中不出峰。程序升温气相色谱法(PTGC)是色谱柱按预定程序连续地或分阶段地进行升温的气相色谱法。采用程序升温技术，可使各组分在最佳的柱温流出色谱柱，以改善复杂样品的分离，缩短分析时间。

3. 其他条件的选择

(1)进样时间和进样量。进样速度应尽可能快，否则会因试样原始宽度变大而造成色谱峰扩张甚至变形。进样量应保持在使峰高或峰面积与进样量成正比的范围内。

(2)柱长及柱内径。增加柱长可提高分离效果，但柱长过长，也会造成峰的展宽和分析时间延长。在保证分离度的前提下，应选用尽可能短的色谱柱。

(3)气化温度的选择。选择的基本原则是应保证试样能迅速气化且不分解，适当提高气化温度对分离及定量有利。一般选择的气化温度比组分的最高沸点高30～50 ℃，比柱温高20～70 ℃。

实验一　气相色谱仪气路系统的连接、检漏及载气流速的测量与校正

一、实验目的

(1)了解气相色谱仪的结构，熟悉各单元组件的功能。

(2)熟悉气相色谱仪的气路系统，掌握检验方法。

(3)掌握气相色谱仪的载气流速的测量和校正方法。

二、实验原理

1. 气路系统

气路系统是气相色谱仪中极为重要的部件。气路系统主要指载气及载气连接运行的密封管路，包括连接管线，调节测量气流的各个部件以及气化室、色谱柱、检测器等。由高压钢瓶或气体发生器供给的载气，先经减压表使气体压力降到适当值，再经净化管进入色谱仪。色谱仪上的稳压阀、压力表、调节阀、流量计等部件是用来调节、控制、测量载气的压力和流速的。

气路系统必须保持清洁、密闭，各调节、控制部件的性能必须正常可靠。

2. 载气流速

载气流速是影响气相色谱分离的重要操作参数之一，必须经常测定。色谱仪上的转子流量计用以测定气体体积流速，但转子高度与流速并非简单的线性关系，且与介质有关。故需要用皂膜流量计加以校正。

(1)视体积流速(F'_{co})。用皂膜流量计在柱后直接测定的体积叫视体积流速。它不仅包括了载气流速，而且包括了当时条件下的饱和蒸汽流速。

(2)实际体积流速(F_{co})

$$F_{co}=F'_{co}\frac{p_o-p_w}{p_o}$$

式中：p_o 为大气压，Pa；p_w 为室温下的饱和水蒸气压，Pa。

(3)校正体积流速(F_c)。由于气体体积随温度变化，柱温又不同于室温，故需要做温度校正。

$$F_c = F_{co}\frac{T_c}{T_a}$$

式中：T_c 为柱温，K；T_a 为室温，K。

(4)平均体积流速。气体体积与压力有关，但色谱柱内压力不均，存在压力梯度，需进行校正。

$$\overline{F}_c = F_{co}\frac{3(p_i/p_o)^2-1}{2(p_i/p_o)^2-1}$$

式中：p_i 为柱入口处载气压力；p_o 为柱出口处载气压力，计算时 p_i 与 p_o 单位相同。

三、实验步骤

气相色谱仪常以高压钢瓶气为气源，使用钢瓶必须安装减压阀。

1. **正确选择减压阀**

减压阀接口螺母与气瓶嘴的螺纹必须匹配。减压阀上有两个压力表，示值大的指示钢瓶内的气体压力（逆时针为开启，顺时针为关闭），小的指示输出压力（逆时针为关闭，顺时针旋转调节压力）。开启钢瓶时，压力表指示钢瓶内压力，可用肥皂水检查接口处是否漏气。

2. **准备净化管**

(1)清洗净化管：先用10%NaOH 溶液浸泡半小时，再用水冲洗烘干。

(2)活化清洗剂：硅胶于 120 ℃烘至蓝色；活性炭于 300 ℃烘 2 h；分子筛于 550 ℃烘 3 h，不得超过 600 ℃。

(3)填装净化管：三种等量净化剂依次装入净化管，之间隔以玻璃棉。标明气体出入口，出口处塞一玻璃棉。硅胶装在出口处。

3. **管道的连接**

用一段管子将净化管连接到减压表出口，净化管的另一端连接色谱仪。开启气源，用气体冲洗一下，然后关气源，将管道接到仪器口。

4. **检漏**

保证整个气路系统的严密性十分重要，须认真检查，易漏气的地方为各接头接口处。检漏方法如下：

(1)开启气源，导入载气，调节减压标为 2.5 kgf/cm^2(1 kgf/cm^2 =98.0665 kPa)，先关闭仪器上的进气稳压阀。用小毛笔蘸肥皂水检查从气源到接口处的全部接口。

(2)将色谱柱接到热导检测器上，开启进气减压阀，并调节仪器上压力表为 2 kgf/cm^2。调转子流量计流速至最大，堵住主机外侧的排气口，若转子流量计的浮子能落到底，则不漏气；反之，则需用肥皂水检查仪器内部各接口。

(3)氢气、空气的检查同前。

(4)漏气现象的消除：上紧丝扣接口，如无效，卸开丝扣，检查垫子是否平整，不能用时需更换。

5. **载气流速的测定及校正**

(1)将柱出口与热导检测器相连，在皂膜流量计内装入适量皂液，使液面恰好处于支管口的中线处，用胶管将其与载气相连。

(2)开启载气，调节载气压力至需要值，调节转子高度。一分钟后轻捏胶头，使皂液上升封住支管即会产生一个皂膜。

(3)用秒表记下皂膜通过一定体积所需的时间，换算成以 mL/ min 为单位的载气流速。

(4)用上述方法,依次测定转子流量计高度为 0、5、10、15、20、25、30 格时的体积流速,然后测定另一气路的流速。

(5)再分别测量以氢气为载气的气路的流速。

四、数据处理

(1)以转子流量计上转子的高度为横坐标,以视体积流速为纵坐标,绘制转子流量计的校正曲线,同时记录载气种类、柱温、室温、气压等参数。

(2)根据视体积流速计算出实际体积流速为

$$F_{co} = F'_{co}\frac{p_o - p_w}{p_o}$$

(3)求出在柱温条件下载气在柱中的校正体积流速为

$$F_c = F_{co}\frac{T_c}{T_a}$$

五、注意事项

(1)氢气减压表只能安装在自燃性气体钢瓶上。

(2)氧气减压表安装在非自燃性气体钢瓶上。

(3)安装减压表时,所有工具及接头一律禁油。

(4)开启钢瓶时,瓶口不准对向人和仪器。

(5)净化管垂直安装,上口进气,下口出气。

(6)凡涂过皂液的地方用滤纸擦干。

六、问题与讨论

(1)气相色谱仪由哪几部分组成?各起什么作用?

(2)如何检验色谱系统的密闭性。

实验二 气相色谱法测定苯系物

一、实验目的

(1)了解气相色谱仪的基本结构和工作原理。

(2)掌握相对保留值、分离度、校正因子的测定方法。

(3)掌握归一化法进行定量分析的基本原理和方法。

二、实验原理

气相色谱法利用试样中各组分在流动相(气相)和固定相间的分配系数不同，对混合物实现分离和检测。特别适合于分析气体和易挥发性的物质。

苯系物，如苯、乙苯、间二甲苯和邻二甲苯等具有相近的理化性质，如后面三种苯系物的沸点十分接近，分别为 136.2 ℃、139.1 ℃、144.4 ℃，化学分析方法难以分离检测。然而气相色谱法可以较容易地对其进行分离，一般气相色谱仪常备的热导检测器可以对其进行准确的测定。

色谱定量分析方法有多种，常用的有归一化法、内标法、内标标准曲线法和外标法。本实验采用归一化法，就是分别求出样品中所有组分的峰面积和校正因子，然后依次求出各组分的百分含量，公式如下

$$w_i(\%) = \frac{f'_i A_i}{\sum f' A} \times 100\%$$

式中：w_i代表待测样品中组分 i 的含量；A_i代表组分 i 的峰面积；f_i代表组分 i 的定量校正因子。归一化法简捷且进样量无需准确，条件变化时对结果影响不大。但要求所有组分均出峰，同时还要有所有组分的标准样品才能进行定量分析。

一根色谱柱柱效越高，并不能说明其分离效能就越好。因为一个混合物能否被色谱柱所分离，取决于固定相与混合物中各组分分子间的相互作用的大小是否有区别。因此判断相邻两组分在色谱柱中的分离情况，应用分离度 R 来作为色谱柱的分离效能指标。分离度指的是相邻两组分色谱峰保留值之差与这两个组分色谱峰峰底宽度总和的一半的比值，即

$$R = \frac{t_{R(2)} - t_{R(1)}}{\frac{1}{2}(Y_1 + Y_2)}$$

式中：$t_{R(2)}$ 和 $t_{R(1)}$ 分别为两组分的调整保留时间；Y_1 和 Y_2 为相应组分的峰底宽度。R 越大，两组分分离得越好，当 $R=1.5$ 时，可认为两组分完全分离。

三、仪器与试剂

1. 仪器

气相色谱仪、色谱工作站、不锈钢色谱柱 2 m×3 mm、高纯氮气钢瓶、微量进样器。

2. 试剂

苯、乙苯、间二甲苯、邻二甲苯、未知混合样。

四、实验步骤

(1)实验条件。根据所用色谱仪及色谱柱条件不同应作相应调整。

①色谱柱:2 m×3 mm 不锈钢柱。

②固定相:邻苯二甲酸二壬酯(DNP)固定液,60～80 目 101 白色担体。

③流动相:氢气,流速 40 mL · min^{-1},柱温 80 ℃,气化温度 150 ℃,检测器温度为 150 ℃。

(2)标样的配制。在三只 10 mL 容量瓶中,按 1∶100(V/V)比例分别配制苯+乙苯溶液,苯+间二甲苯溶液以及苯+邻二甲苯溶液。

(3)根据实验条件,将色谱仪按仪器操作步骤调节至可进样状态,待仪器上的电路和气路系统达到平衡后,记录仪上基线平直时,即可进样。

(4)在相同的色谱条件下,分别进样测定苯+乙苯、苯+间二甲苯、苯+邻二甲苯、浓度未知的混合样品。记录各组分的保留时间和峰面积,重复进样三次。

(5)为测定死时间,在相同的实验条件下,取 100 μL 空气进样,并重复进样三次。

(6)试验完毕,用乙醚或无水乙醇抽洗微量注射器数次,并按仪器操作步骤中的有关细节关闭仪器。

五、数据处理

(1)记录苯+乙苯、苯+间二甲苯、苯+邻二甲苯溶液所得色谱图中各组分的保留时间 t_R、苯的保留时间、空气保留时间(即死时间 t_M);计算各组分相对保留值(以苯作标准物质),根据标准样中各组分的保留值进行待测试样中各峰的归属。

(2)以苯为标准物质,分别计算乙苯、间二甲苯、邻二甲苯的相对校正因子。

(3)计算苯和乙苯、乙苯和间二甲苯、间二甲苯和邻二甲苯的分离度。

(4)记录待测混合试样色谱图上各组分的峰面积,用归一化法,由峰面积计算待测试样中各组分的含量。

六、问题与讨论

(1)试讨论采用归一化法定量分析的优点和局限性。

(2)利用相对保留值进行色谱定性时,对实验条件是否可以不必严格控制,为什么?

(3)影响分离度的因素有哪些,提高分离度的途径有哪些?

(4)归一化法定量分析为什么要用校正因子?相对校正因子和绝对校正因子有何不同?

实验三　气相色谱法测定白酒中乙醇含量

一、实验目的

(1)熟练掌握气相色谱的基本原理以及气相色谱仪器的操作技术。
(2)学习和熟悉氢火焰离子化检测器的调试和使用方法。
(3)掌握以内标法进行色谱定量分析的方法及特点。

二、实验原理

气相色谱法是一种以气体为流动相的色谱分析方法,能够实现样品的分离以及定性、定量检测。在全部的色谱分析对象中,约20%的物质可以用气相色谱进行分析。气相色谱条件的选择对样品分离有很大的影响,也是色谱分析的复杂性和难点所在。在实际工作中,常常选择合适的检测器后,再选择色谱柱,进行载气流速和柱温等条件的优化,从而获得满意的分离效果且高效的分析方法。本实验中选择氢火焰离子化检测器,它的基本原理是有机物在氢气-空气火焰中燃烧产生离子,在外加电场作用下形成离子流而产生电信号,对有机化合物有很高的灵敏度。

本实验采用内标法定量样品,具体操作步骤是准确称取样品后,将一定量的内标物加入其中,混合均匀后进行分析。根据样品、内标物的质量及在色谱图上产生的相应峰面积 A,计算组分含量。例如,用质量(或体积)计量内标物和待测物时,待测组分的质量 m_s(或体积 V_i)与内标物质量 m_i(或体积 V_i)之比等于相应的峰面积之比。

$$\frac{m_i}{m_s}=\frac{A_i f_i}{A_s f_s}$$

或

$$\frac{V_i}{V_s}=\frac{A_i f_i(V)}{A_s f_s(V)}$$

待测组分的含量

$$w_i(\%)=\frac{m_i}{m}\times 100\%=\frac{f'_i A_i m_s}{f'_i A_s m}\times 100\%$$

三、仪器与试剂

1. 仪器

气相色谱仪、氢火焰离子化检测器、微量注射器。

2. 试剂

无水乙醇(色谱纯)、无水正丙醇(色谱纯)、丙酮(色谱纯)、白酒。

四、实验步骤

1. 色谱操作条件

柱温:90 ℃;气化室温度:150 ℃;检测器温度:130 ℃。进样量:0.5 μL。

载气(N_2)流速:40 mL· min^{-1};氢气流速:35 mL· min^{-1};空气流速:400 mL· min^{-1}(不同仪器需要优化仪器条件)。

2. 标准溶液的测定

用吸量管准确吸取 0.50 mL 无水乙醇和 0.50 mL 无水正丙醇于 10 mL 容量瓶,用丙酮定容至刻度,摇匀。用微量注射器吸取 0.5 μL 样品溶液,注入色谱仪内,记录各色谱峰的保留时间 t_R 和色谱峰面积,求出以无水正丙醇为标准物的相对校正因子。

3. 样品溶液的测定

用吸管吸取 1.00 mL 的白酒样品和 0.50 mL 的内标物(正丙醇)于 10 mL 容量瓶,用丙酮定容至刻度,摇匀。微量注射器吸取 0.5 μL 样品溶液,注入色谱仪内,记录各色谱峰的保留时间 t_R,对照比较标准溶液与样品溶液的 t_R,以确定样品中乙醇和正丙醇,记录乙醇和正丙醇色谱峰面积,求出样品中乙醇的含量。

五、数据处理

按公式计算相对校正因子,按内标法计算公式计算样品溶液中乙醇的含量,最后根据稀释倍数得出白酒中乙醇的含量。

六、问题与讨论

(1)在同一操作条件下为什么可用保留时间来鉴定未知物?

(2)用内标法计算为什么要用校正因子?物理意义是什么?

(3)内标法定量有何优点?它对内标物有何要求?

实验四　气相色谱法测定农药残留量

一、实验目的

(1)了解食品安全国家标准中农药残留限量的定义和规定。

(2)掌握电子捕获检测器的正确使用方法。

(3)了解气相色谱分析的前处理方法。

(4)学会用外标法进行气相色谱定量分析。

二、实验原理

有机氯农药具有化学性质稳定,易于在生物体内蓄积,对人畜有毒,且在环境中残留半衰期长等特点。世界各国都对有机氯作了严格的限量要求。而六六六(六氯环己烷,简称 HCH)、滴滴涕(二氯二苯基三氯乙烷,简称 DDT)为高毒性的有机氯农药,从 20 世纪 60 年代末就被禁止使用。同时该类化合物也是我国食品中农药残留的必检项目,食品安全国家标准 GB/T 5749—2006 生活饮用水卫生标准中规定,滴滴涕总量≤0.001 mg/L,六六六总量≤0.005 mg/L。其中,因氯原子的空间结构不同,六六六有 8 种同分异构体,分别称为 α、β、γ、δ、ε、η、θ 和 ξ。而因苯环上氯原子的相对位置和数量的不同,滴滴涕的异构体和同系物有 o,p'-DDT、p,p'-DDE、p,p'-DDD、p,p'-DDT。

实验用环己烷或石油醚萃取水中的六六六、滴滴涕,萃取液用浓硫酸处理,以消除前面萃取过程中同样被萃取的有机磷农药、不饱和烃以及邻苯二甲酸酯等有机化合物。处理后的环己烷或石油醚萃取经脱水、浓缩后进行气相色谱分析,选择最佳的气相色谱条件,利用带有电子捕获检测器(ECD)的气相色谱仪对六六六和滴滴涕进行检测,采用外标法检测水中六六六、滴滴涕的含量。

三、仪器与试剂

1. 仪器

气相色谱仪、电子捕获检测器、石英毛细管柱 CBP-10(15 m×0.32 mm×0.25 μm)。

2. 试剂

石油醚(沸程 60～90 ℃,重蒸)、苯(色谱纯)、浓硫酸、无水硫酸钠、40 g/L 硫酸钠溶液；色谱标准物（α-DDT、β-DDT、γ-DDT、δ-DDT，o,p'-DDT、p,p'-DDE、p,p'-DDD、p,p'-DDT，纯度$\geqslant 99\%$）。

四、实验步骤

1. 样品的预处理

(1)洁净的水样。取水样 250 mL，置于 500 mL 的分液漏斗中，用 35 mL 石油醚分三次萃取(15 mL、10 mL、10 mL)，每次充分振荡 3 min，合并萃取液，经无水硫酸钠脱水后，浓缩至 5 mL，供检测用。

(2)污染较重的水样。取水样 250 mL，置于 500 mL 的分液漏斗中，用 35 mL 石油醚静置分层，分三次萃取(15 mL、10 mL、10 mL)，每次充分震荡 3 min，静置分层，合并萃取液，经无水硫酸钠脱水后，浓缩至 5 mL。加入 1 mL 浓硫酸，轻轻振荡数次，静置分层，弃去硫酸层，加入 5 mL 硫酸钠溶液，静置分层，弃去水相，经无水硫酸钠脱水后，供检测用。

2. 标准溶液的配制

(1) 标准溶液。称取标准物 α-DDT、β-DDT、γ-DDT、δ-DDT，o,p'-DDT、p,p'-DDE、p,p'-DDD、p,p'-DDT 各 10.00 mg，分别置于 10 mL 容量瓶中，用苯溶解定容至刻度线。使用时，用石油醚稀释成单品的标准使用液。

(2)混合标准使用液。根据各农药品种在仪器上的响应情况，吸取不同量的标准储备液，用石油醚稀释成混合标准使用液。

3. 色谱条件

(1)色谱柱：CBP-10(15 m×0.32 mm×0.25 μm)石英弹性毛细管柱，或者是同等极性的色谱柱。

(2)载气流速，1 mL/ min；柱温，180 ℃升温至 200 ℃(3 ℃/ min，200 ℃时 1 min)，200 ℃升温至 230 ℃(8 ℃/ min，230 ℃时 1 min)；汽化室温度 260 ℃，检测器温度 260 ℃(针对不同仪器，仪器条件需要优化)。

4. 定性分析

在选定的色谱柱和色谱条件下，根据标准谱图中各组分的保留时间，确定被测水样中出现的各组分名称。

5. 定量分析

在 ECD 分析的线性范围内，配制一系列浓度标准溶液，按照上述分析方法，以六六六、滴滴涕的峰高 h 与含量 m 进行线性回归，计算其回归方程。取一定量的样品溶液进行色谱分析，根据得到的样品色谱图，计算样品含量。

五、数据处理

按照标准工作曲线的线性回归方法计算水样中有机氯农药六六六和滴滴涕的残留量。

六、问题与讨论

(1)为什么水样不能直接进样，而要进行一系列的预处理？

(2)简述程序升温的优缺点。

(3)试述电子捕获检测器的原理和应用。

第十一章　高效液相色谱分析

高效液相色谱法(high performance liquid chromatography,HPLC)是以液体为流动相,采用粒径很小的高效固定相的柱色谱分离技术。HPLC 适用范围广,不受分析对象挥发性和热稳定性的限制,弥补了气相色谱法的不足。据统计,在已知化合物中,能用气相色谱分析的约占 20%,而能用液相色谱分析的约占 70%～80%。

HPLC 是在经典色谱法的基础上,引用了气相色谱的理论,在技术上流动相改为高压输送;色谱柱以特殊的方法用小粒径的填料填充而成,从而使柱效大大高于经典液相色谱(每米塔板数可达几万或几十万);同时柱后连有高灵敏度的检测器,可对流出物进行在线连续检测。它具有高压、高速、高效、高灵敏度以及适应范围宽的特点。

一、液相色谱法的主要类型和基本原理

根据分离机制的不同,液相色谱法可分为下述几种主要类型。

1. **吸附色谱法**(absorption chromatography)

固定相为吸附剂,如硅胶、分子筛、氧化铝等,流动相为非水有机溶剂。其作用机制是不同组分分子和流动相分子对吸附剂表面活性中心发生竞争吸附。这种竞争力的大小决定了保留值的大小,被活性中心吸附越牢的组分保留值越大。

2. **化学键合相色谱**(chemically bonded phase chromatography)

传统的液-液分配色谱是将固定液机械地涂在担体表面上构成的,这种固定相在实际使用时存在不少缺点。20 世纪 60 年末发展起来了一种新型的化学键合固定相,即利用化学反应通过化学键把有机分子键合到载体(硅胶)表面,形成均一、牢固的单分子薄层而构成的固定相。正相色谱法(normal phase liquid chromatography)采用疏水性固定相,即流动相的极性小于固定液的极性。反之,若流动相的极性大于固定相的极性则称为反相色谱法(reverse phase liquid chromatography)。各组分保留值的大小主要取决于组分分子与键合固定液分子间作用力的大小。键合相色谱法的分离机理为吸附和分配两种机理兼有。对大多数键合相来说,以分配机理为主。

通常化学键合相的载体是硅胶，硅胶表面含有硅醇基≡Si—OH，它能与不同的有机化合物反应，获得不同性能的化学键合相。根据在硅胶表面的化学反应不同，键合固定相可分为：硅氧碳键型（≡Si—O—C）、硅氧硅碳键型（≡Si—O—Si—C）、硅碳键型（≡Si—C）和硅氮键型（≡Si—N）四种类型。硅氧硅碳键型应用最广泛，它是利用有机氯硅烷与硅醇基发生化学反应制备得到的。这种固定相在 pH 2～8.5 范围内对水稳定，有机分子与载体间的结合牢固，固定相不易流失，稳定性好。其中十八烷基硅烷键合相（octadecylsilane，简称 ODS 或 C18）是最常用的非极性键合。该键合相和水、乙腈、甲醇等极性溶剂为流动相构成的反相色谱体系，是当前最重要、应用最广泛的高效液相色谱法。

化学键合固定相具有如下一些特点：

①表面没有坑，比一般液体固定相传质快得多；

②无固定液流失，增加了色谱柱的稳定性和寿命；

③可以键合不同官能团，能灵活地改变选择性，同时应用于多种色谱类型及样品的分析；

④有利于梯度洗提，也有利于配用灵敏的检测器和馏分的收集。

3. 离子交换色谱法

离子交换色谱法（ion exchange chromatography）以离子交换剂作为固定相。它是基于离子交换树脂上可电离的离子与流动相中具有相同电荷的溶质离子进行可逆交换，依据这些离子与交换剂具有不同的亲和力而将它们分离。组分离子对交换基体离子亲和力越大，保留时间越长。凡是在溶剂中能够电离的物质通常都可以用离子交换色谱法来进行分离。

4. 空间排阻色谱法

空间排阻色谱法（size exclusion chromatography）以一类孔径大小有一定范围的多孔材料为固定相。溶质在两相之间不是靠其相互作用力的不同来进行分离，而是按分子大小进行分离。被分离的组分的分子大小不同，它们扩散进入多孔材料的难易程度不同。小体积最易扩散到小孔中，保留时间较长；大分子不易进入孔隙甚至完全被排斥到孔外，因而随流动相较快流出，保留时间较短。

另外，还有利用待测化合物与对离子形成离子对而进行分离的离子对色谱法（ion pair chromatography）；利用具有特异亲和力的色谱固定相进行分离的亲和色谱法（affinity chromatography）；利用手性固定相进行分离的手性色谱法（chiral chromatography）。

二、高效液相色谱仪

HPLC的出现不过三十多年的时间，但这种分离分析技术的发展十分迅猛，目前应用也十分广泛。其仪器结构和流程也多种多样，典型的高效液相色谱仪结构和流程如图11.1所示。高效液相色谱仪一般都具备贮液器、高压泵、梯度洗提装置(用双泵)、进样器、色谱柱、检测器、恒温器、记录仪等主要部件。贮液器中贮存的载液经过脱气、过滤后由高压泵输送到色谱柱入口。当采用梯度洗提时，一般需要用双泵或二元及多元泵系统来完成输送。试样由进样器注入载液系统，而后送到色谱柱进行分离。分离后的组分由检测器检测，输出信号供给记录仪或数据处理装置。如果需要收集馏分作进一步分析，则在色谱柱一侧出口将样品馏分收集起来。

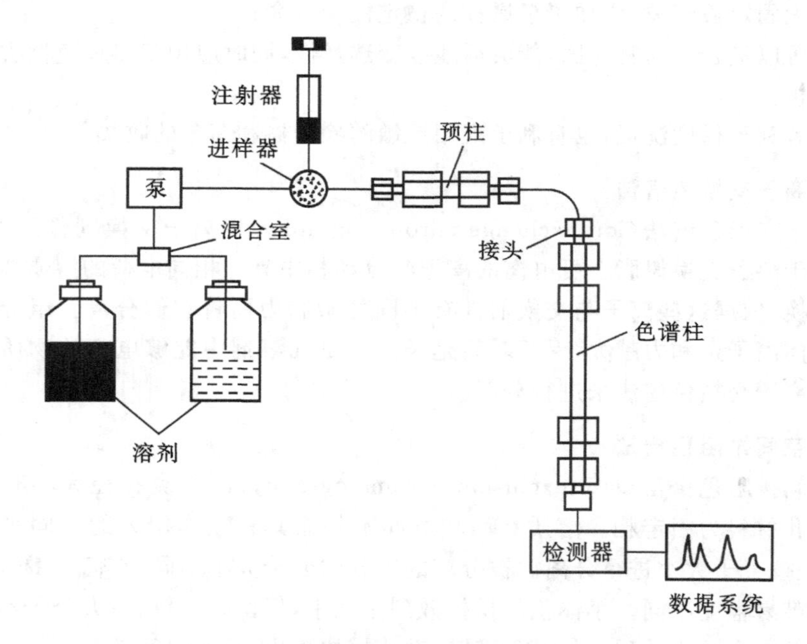

图 11.1　高效液相色谱仪结构和流程示意图

高效液相色谱仪的主要部件有以下几部分。

1. 高压输液系统

高压输液系统通常由输液泵、单向阀、流量控制器、混合器、脉动缓冲器、压力传感器等部件组成。由于流速的准确性和稳定性决定了分析的重现性，因此要求高压输液泵能够实现准确、稳定和无脉动的液体输送。

一般要求 HPLC 使用的高压输液泵满足如下条件：

①流量准确可调，输液泵的流量控制精度通常要求小于±0.5%；

②耐高压，通常要求泵的输液压力达到 30～60 MPa；

③液流稳定，输液泵输出的液流应无脉动，或配套脉冲抑制器。

④泵的死体积小且耐化学腐蚀，泵的死体积通常要求小于 0.5 mL。

图 11.2 是机械往复式柱塞泵结构示意图。当柱塞推入缸体时，泵头出口（上部）的单向阀打开，同时，流动相进入的单向阀（下部）关闭，这时就输出少量的流体。反之，当柱塞向外拉时，流动相入口的单向阀打开，出口的单向阀同时关闭，一定量的流动相就由贮液器吸入缸体中。这种泵的特点是不受整个色谱体系中其余部分阻力稍有变化的影响，连续供给恒定体积的流动相。

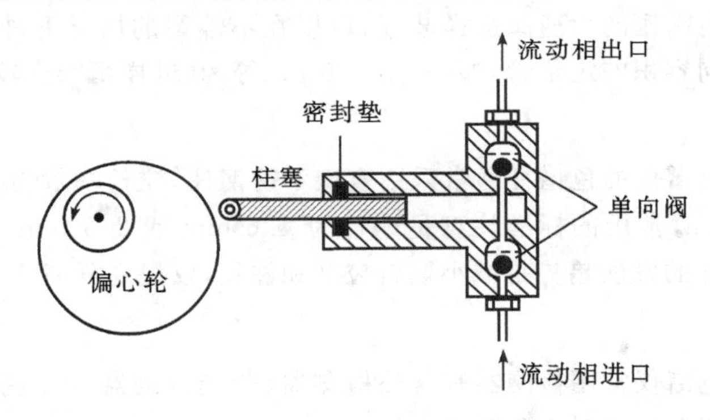

图 11.2　机械往复式柱塞泵结构示意图

2. **梯度洗脱装置**

该装置的作用类似于 GC 中的程序升温，已成为现代高效液相色谱中不可缺少的部分。

梯度洗脱，就是载液中含有两种（或更多）不同极性的溶剂，在分离过程中按一定的程序连续改变载液中溶剂的配比和极性，通过载液中极性的变化来改变被分离组分的分离因素，以提高分离效果。梯度洗脱可以分为以下两种，如图 11.3 所示。

（1）低压梯度（也叫外梯度）：在常压下，通过调节比例阀，预先按一定程序将两种或多种不同极性的溶剂混合后，再用一台高压泵输入色谱柱。这种梯度洗脱方式只需要一台输液泵，操作十分简单，但分析结果的重现性不理想。

（2）高压梯度（或称内梯度系统）：利用多台高压输液泵，将多种不同极性的溶剂按设定的比例送入梯度混合室，混合后进入色谱柱。这种方式保证溶剂混合的准确性和重现性，成本较高，但目前仍是高效液相色谱仪普遍采用的方法。

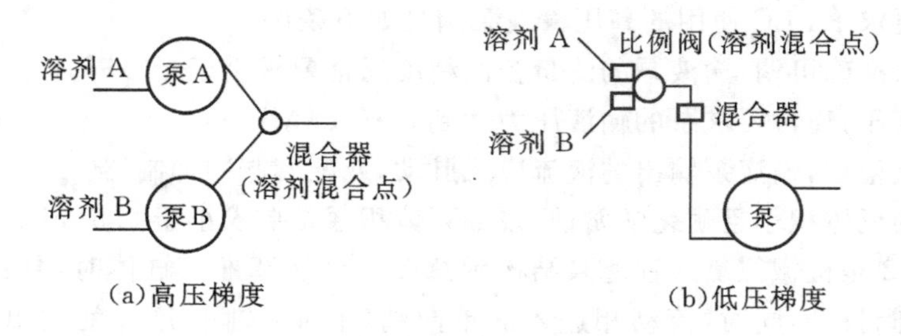

图 11.3　梯度洗脱

3. **进样装置**

常用的是耐高压的六通阀进样装置，可以在不停留的情况下进行分析。六通阀上可以装不同容积的定量管，如 10 μL、20 μL 等，其进样精密度较好。

4. **色谱柱**

高效液相色谱仪的色谱柱通常采用直型不锈钢柱，柱长一般为 15～30 cm，柱内径为 1～6 mm，常用的标准柱型是内径为 4.6 mm 或 2.5 mm，制备柱则可达 2.5 cm。色谱柱的发展趋势是减小填料粒度和柱径，以提高分离柱效。

5. **检测器**

高效液相色谱仪常用检测器有紫外检测器、荧光检测器、示差折光检测器、电化学检测器和蒸发光散射检测器等。

(1)紫外检测器。

它的作用原理是基于被分析试样组分对特定波长紫外光的选择性吸收，组分浓度与吸光度的关系遵守比尔定律。紫外检测器分为固定波长和可调波长两类。检测器的吸收池一般为 8～10 μL，光程长为 8 mm。最常用的检测器，应用最广，对大部分有机化合物有响应，检出限约为 10^{-9} g/ mL。

光电二极管阵列检测器是可以同时进行多种波长检测的一种紫外检测器。在检测器中，光源发出的光经过吸收池中的样品吸收后，通过光栅分光，以阵列二极管对于不同波长的光进行多通道并行检测。经计算机快速处理，得三维色谱-光谱图，为组分的定性提供有用的信息。

(2)荧光检测器。

荧光检测器是通过检测待测物质吸收紫外光后发射荧光强度的一种检测器。它具有灵敏度高、选择性好的特点，一般比紫外检测器高两个数量级，检出限约为 10^{-12} g/ mL。这类检测器对多环芳烃，维生素 B、黄曲霉素、卟啉类化合物、农药、药物、氨基酸、甾类化合物等有响应。

(3)示差折光检测器。

示差折光检测器是利用连续测定检测池中溶液折射率的变化和组分浓度的关系进行检测的一种通用型检测器。只要组分折射率与流动性折射率不同就可被检测,也适用于紫外吸收非常弱的物质的检测。但示差折光检测器灵敏度较低,检出限约为 10^{-7} g/ mL,且对温度变化敏感,不适合于梯度洗脱。

(4)电化学检测器。

电化学检测器是利用电化学活性进行检测的检测器,包括库仑、电导、安培检测器等,其检出限约为 10^{-7} g/ mL。电导检测器是离子色谱法中应用最多的检测器。

(5)蒸发光散射检测器。

蒸发光散射检测器是基于溶质中细小颗粒引起的光散射强度正比于溶质浓度而进行检测的检测器。它是一种通用型检测器,原则上适用于任何化合物,检测灵敏度高于示差折光检测器,适合于梯度洗脱。

实验一　液相色谱柱效能的测定

一、实验目的

(1)了解反相液相色谱的特点及应用。

(2)掌握以保留时间定性的方法,加深对色谱分离理论的认识。

(3)掌握归一化定量方法。

二、实验原理

液相色谱中,若采用非极性固定相(如 C_{18} 柱中的十八烷基键合相 ODS)、极性流动相(如水、甲醇、乙腈等),这种色谱法称为反相液相色谱法。对于苯的同系物(苯、甲苯、丙苯、丁苯)在 ODS 柱上的作用力大小不等,他们的 K' 值不同(K' 为不同组分的分配比),以先后次序流出,可实现良好分离。

根据组分峰面积大小及测得的定量校正因子,就可由归一化定量方法求出各组分的含量。采用归一化法的条件是样品中所有组分都要流出色谱柱并出峰。此法简便、准确,对进样量的要求不十分严格。

苯的几种同系物如图 11.4 所示。

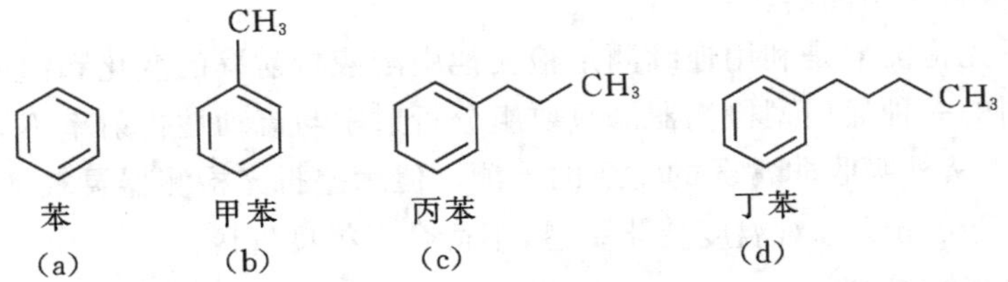

CH_3

CH_3

CH_3

苯
(a)

甲苯
(b)

丙苯
(c)

丁苯
(d)

图 11.4　苯的几种同系物

三、仪器与试剂

1. 仪器

Waters 高效液相色谱仪，紫外光度检测器：可变波长 190～700 nm，高压六通进样阀，HPLC 数据工作站，色谱柱 C_{18}(4.6 mm×250 mm)，微量进样器(20 μL)。

2. 试剂

(1)流动相：甲醇：水(80：20，V/V)；流动相流速：1.0 mL/ min。

(2)甲醇、苯、甲苯、丙苯、丁苯。甲醇为色谱纯。水为二次重蒸馏水。

(3)待测样品溶液。

四、实验步骤

(1)打开电源，待电源升到 220 V 并稳定后，打开高压泵检测器及色谱数据工作站，至工作状态，流动相流速调至 1.0 mL/ min。

(2)调整检测器工作状态，使测定波长 λ=254 nm，灵敏度取适当值，并使基线自动校零。

(3)根据实验条件，将仪器调至进样状态，待仪器液路与电路系统达到平衡，记录基线平直时，即可进样。

(4)用注射器注入适量样品，开始淋洗，得色谱图，重复进样两次。

五、数据处理

(1)采用标准比较法计算分析结果。

(2)利用色谱工作站求得各组分含量及分离度。

六、问题与讨论

(1)在 HPLC 中，为什么可利用保留值定性？这种定性方法你认为可靠吗？

(2)本实验为什么采用反相液相色谱，试说明理由。

(3)HPLC 分析中流动相为何要脱气，不脱气对实验有何影响？

实验二　高效液相色谱法测定 5 种蒽醌类化合物

一、实验目的

(1)了解高效液相色谱仪的基本结构、工作原理。

(2)掌握 Agilent 1200 的基本操作。

(3)学习利用保留值进行定性的分析方法。

二、实验原理

减肥茶(植物药)中含有多种蒽醌类化合物、萘并-吡酮类、蛋白质及氨基酸、糖类及人体所必需的微量元素，其中蒽醌类成分为减肥茶的主要功效成分之一。通过优化色谱分离条件，可以建立同时分离测定减肥茶中蒽醌类化合物的反相高效液相色谱法(RP-HPLC)，大黄酸、大黄素、大黄酚、大黄素甲醚和芦荟大黄素可得到有效分离。

本实验采用反相液相色谱法，以 C_{18} 键合相色谱柱分离试样中的蒽醌类化合物，紫外检测器进行检测，保留时间定性，以标准系列溶液的色谱峰面积对其浓度做标准曲线，再根据试样中的相应峰面积，由其标准曲线算出其浓度。

三、仪器与试剂

1. 仪器

岛津 LC－20A 液相色谱仪、紫外检测器(254 nm)、色谱柱(Welch)Xtimate® C_{18}(5 μm，4.6 mm×250 mm)，并配有 C_{18} 保护柱、平头微量注射器(25 μL)。

2. 试剂

(1)标准溶液(甲醇为溶剂)，配制含有芦荟大黄素、大黄酸、大黄素、大黄酚、大黄酸、大黄素甲醚的标准储备液，浓度均为 100 μg/ mL，备用。

(2)纯水由超纯水机制得，甲醇为色谱纯。

(3)用标准储备液配制含芦荟大黄素、大黄酸、大黄素、大黄酚和大黄素甲醚均为 2 μg/ mL、4 μg/ mL、6 μg/ mL、8 μg/ mL、10 μg/ mL 的混合标准溶液。

四、实验步骤

1. 流动相的配制和预处理

配制 0.1%磷酸溶液 500 mL，取色谱纯甲醇 1000 mL，用 0.45μm 微孔滤膜过滤后，装入流动相储液器内，然后用超声波清洗机脱气 20～30 min。

2. 标准溶液的配制

分别准确吸取标准储备液 0.5、1.0、1.5、2.0、2.5 mL 于25 mL容量瓶中，用水稀释至刻度，摇匀。该标准系列浓度分别为 2 、4 、6、8、10 μg/ mL，用注射器吸取2 mL，用 0.45 μm 针头式滤膜过滤，弃去最初 5 滴，装入色谱样品瓶中备用。

3. 打开电源

按仪器操作规程依次打开高压输液泵、紫外检测器、色谱工作站的电源。

4 设置参数

打开色谱工作站软件，建立一个运行方法，运行时间设置为 20 min，设定流动相流速为 1 mL/ min，流动相为甲醇-0.1%磷酸溶液体积比为 85∶15，检测波长为 254 nm，启动输液泵和工作站观察基线情况。

5. 进样

待基线稳定后，用 25 μL 的平头微量注射器取溶液 10 μL，将进样阀置于“Load”位置时分别注入芦荟大黄素、大黄酸、大黄素、大黄酚和大黄素甲醚标准溶液，将进样阀置于“Inject”位置，按采样按钮开始记录。

6. 数据采集

从计算机的显示屏上即可看到样品的流出过程和分离状况。待所有的色谱峰流出完毕后停止采样，在工作站中对谱图进行积分，记录积分后的峰保留时间和峰面积。

7. 标准曲线的测定

分别进样各混合标准溶液和未知液，记录好对应的峰保留时间和峰面积。

8. 结束工作

所有样品分析完毕后，关闭检测器电源，将流动相切换成 100%甲醇，继续冲洗色谱柱 30 min 后关机。

五、数据处理

(1)在样品的色谱图上指明相应的色谱峰,记录其保留时间。

(2)根据混合标准溶液的色谱图绘制峰面积-浓度标准曲线。在标准曲线的线性区间,计算其斜率、截距 b 及相关系数。

(3)根据 8 μg/ mL 混标溶液的色谱图,计算相应化合物的分离度和柱效。

六、问题与讨论

(1)高效液相色谱仪有哪几部分组成?

(2)若实验中的色谱峰无法完全分离,应如何改善实验条件?

实验三　高效液相色谱法测定碳酸饮料中的苯甲酸、山梨酸和糖精钠

一、实验目的

(1)掌握高效液相仪的基本结构和操作步骤。

(2)学习液相色谱分离的色谱条件选择。

(3)学习色谱分析样品的前处理方法。

(4)学习谱图和数据的处理方法,掌握高效液相分析的定性与定量方法。

二、实验原理

苯甲酸、山梨酸是广泛使用的食品防腐剂,其主要作用是防止微生物的活动引起的食物变质。但是苯甲酸、山梨酸的过量摄入都可能对人体产生危害。我国最新的食品添加剂使用卫生标准 GB 2760—2014 中规定,在碳酸饮料中苯甲酸、山梨酸的最大使用量分别是 0.2 g/kg 和 0.5 g/kg。糖精钠是一种常用的调味剂,旧国标中,碳酸饮料可按照规定使用糖精钠。但按照最新的国标 GB 2760—2014 中规定,糖精钠不再允许使用于碳酸饮料中。苯甲酸和山梨酸均为弱酸性物质,糖精钠为弱碱性物质,可以用甲醇和水的混合流动相进行色谱分析。同时由于三者在水中存在部分电离,正确选择合适的流动相的极性和 pH 值是决定分离好坏的关键。

三、仪器与试剂

1. 仪器

岛津高效液相色谱仪 SPD-20A、二极管阵列检测器、超声波清洗仪。

2. 试剂

(1)配制稀氨水(1+10):浓氨水加水按体积 1∶10 混合。

(2)配制 0.02 mol·L^{-1} 乙酸铵溶液:称取 1.54 g 乙酸铵,加入适量水溶解,用水定容至 1000 mL,经 0.22 μm 水相微孔滤膜过滤后备用。

(3)配制苯甲酸、山梨酸和糖精钠(以糖精计)标准储备溶液(1000 mg·L^{-1}):分别称取苯甲酸钠、山梨酸钾和糖精钠 0.1180 g、0.1340 g 和 0.1170 g(精确到 0.0001 g),用水溶解并分别定容至 100 mL。

(4)配制苯甲酸、山梨酸和糖精钠混合标准中间溶液(200 mg·L^{-1}):分别准确吸取苯甲酸、山梨酸和糖精钠标准储备溶液各 10.0 mL 于 50 mL 容量瓶中,用水定容。

四、实验步骤

1. 样品的预处理

如果样品中含有二氧化碳,取样前通过加热或超声波去除,称取 10 g 样品(精确至 0.001 g)于 25 mL 容量瓶中,用稀氨水调节 pH 至中性,用水定容至刻度,混匀,经微孔滤膜过滤,滤液待上机分析。

2. 标准工作溶液的配制

取 5 个 50 mL 容量瓶,分别准确吸取一定体积的苯甲酸、山梨酸混合标准工作溶液,配制浓度为 10~100 μg/ mL 的系列标准工作溶液,用蒸馏水稀释至刻度,摇匀。

3. 色谱工作条件的设定

色谱柱:C_{18} 柱,柱长 250 mm,内径 4.6 mm,粒径 5 μm 或等效色谱柱。

流动相:甲醇与乙酸铵(0.02 mol/L)体积比 5∶95。

流速:1 mL/ min;进样量:10 μL;检测波长:230 nm。

4. 标准曲线的绘制

将混合标准系列工作溶液分别注入液相色谱仪中,测定相应的峰面积,以混合标准系列工作溶液的质量浓度为横坐标,以峰面积为纵坐标,绘制标准曲线。

5. **试样溶液的测定**

将试样溶液注入液相色谱仪中，得到峰面积，根据标准曲线得到待测液中苯甲酸、山梨酸和糖精钠（以糖精计）的质量浓度。

五、数据处理

（1）标准曲线的绘制。
（2）根据样品色谱峰面积，计算样品中苯甲酸、山梨酸和糖精钠的含量。

六、问题与讨论

（1）液相色谱流动相为什么要经过滤、脱气处理？
（2）影响苯甲酸、山梨酸和糖精钠保留时间和峰型的因素有哪些？
（3）为什么样品要用氨水调节 pH？

实验四　离子色谱法（痕量阴离子）

一、实验目的

（1）了解离子色谱法的工作原理及适用范围。
（2）掌握 Metrohm 883 的基本构造和操作。
（3）学习用离子色谱同时测定水中常见阴离子的操作方法。

二、实验原理

离子色谱法是一门以低交换容量的离子交换树脂为固定相，电解质溶液为流动相（淋洗液）对离子性物质进行的色谱分离技术。最常见的检测器是电导检测器，为了消除淋洗液中的本底电导和提高灵敏度，常在分离柱与检测器之间连接一根抑制柱。

离子色谱仪由输液泵、进样阀、分离柱、抑制柱、检测器和数据处理系统组成，如图 11.5 所示。

阴离子与树脂的作用力大小取决于自身的半径大小、电荷多少及形变能力。因此，不同的阴离子与树脂的作用力不同，造成离子在分离柱中的迁移速度不同，从而达到分离的目的。分离后，利用保留时间进行定性分析，利用峰面积进行定量分析。

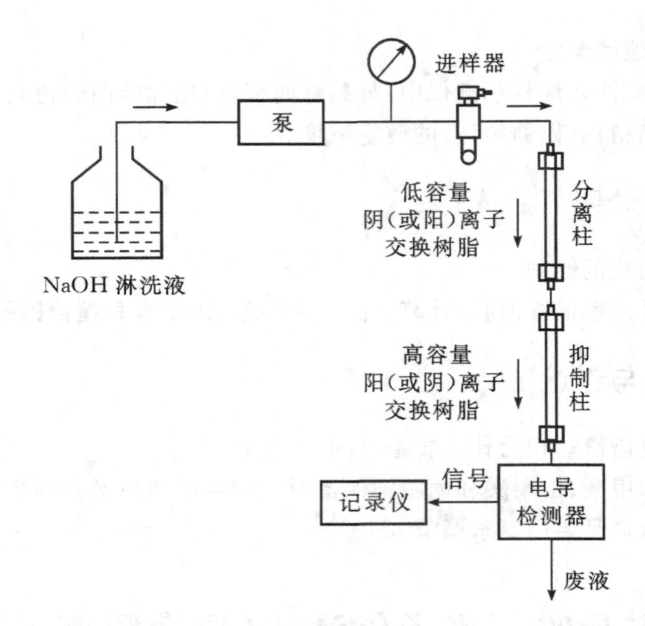

图 11.5　离子色谱仪的结构示意图

三、仪器与试剂

1. 仪器

Metrohm 883 离子色谱仪、电导检测器、超声波清洗仪、微量注射器。

2. 试剂

(1)配制 NaF、KCl、NaBr、K_2SO_4、$NaNO_3$、Na_3PO_4 标准储备溶液，浓度均为 1.00 mg/ mL。

(2)配制 1.0 $mmol \cdot L^{-1}$ $NaHCO_3$ 和 3.5 $mmol \cdot L^{-1}$ Na_2CO_3 混合淋洗液，用超声波发生器进行脱气处理。

四、实验步骤

(1)标准溶液的配制。分别吸取上述六种阴离子标准储备溶液各 0.5 mL，置于 6 只 50 mL 容量瓶中，加超纯水稀释至刻度，摇匀，即得各阴离子标准溶液。

(2)打开仪器主机和工作站软件，进行基线采集，流速为 1～2 $mL \cdot min^{-1}$。

(3)待基线稳定后开始进样，分别注入上述标准溶液 10 μL，记录各组分的保留时间和峰面积(峰高)。

(4)注入样品溶液 10 μL,记录各组分的保留时间和峰面积(峰高)。

(5)实验结束后,冲洗色谱柱 1 h 后,按要求关好仪器。

五、数据处理

$$阴离子浓度 = \frac{h_{试} \cdot c_{标}}{h_{标}}$$

式中:$h_{试}$ 为试样中相应待测离子产生的峰高,cm;$h_{标}$ 为标准溶液中相应离子产生的峰高,cm;$c_{标}$ 为标准溶液中相应离子的浓度,mg/L。

注意:本实验也可采用标准曲线法。

六、问题与讨论

(1)简述离子色谱法的工作原理。

(2)离子色谱仪如何抑制洗脱液 $NaHCO_3-Na_2CO_3$ 的电导?

参考文献

[1] 郭明,吴荣晖,李铭慧,等.仪器分析实验[M].北京:化学工业出版社,2018.
[2] 首都师范大学《仪器分析实验》教材编写组.仪器分析实验[M].北京:科学出版社,2016.
[3] 陈国松,陈昌云.仪器分析实验[M].2版.南京:南京大学出版社,2015.
[4] 朱明华,胡坪.仪器分析[M].4版.北京:高等教育出版社,2008.
[5] 方惠群,于俊生,史坚.仪器分析[M].北京:科学出版社,2002.